Intissar Frih

Mise à niveau d'un poste de travail

Intissar Frih

Mise à niveau d'un poste de travail

Application des méthodes 5S et SMED

Presses Académiques Francophones

Impressum / Mentions légales

Bibliografische Information der Deutschen Nationalbibliothek: Die Deutsche Nationalbibliothek verzeichnet diese Publikation in der Deutschen Nationalbibliografie; detaillierte bibliografische Daten sind im Internet über http://dnb.d-nb.de abrufbar.
Alle in diesem Buch genannten Marken und Produktnamen unterliegen warenzeichen-, marken- oder patentrechtlichem Schutz bzw. sind Warenzeichen oder eingetragene Warenzeichen der jeweiligen Inhaber. Die Wiedergabe von Marken, Produktnamen, Gebrauchsnamen, Handelsnamen, Warenbezeichnungen u.s.w. in diesem Werk berechtigt auch ohne besondere Kennzeichnung nicht zu der Annahme, dass solche Namen im Sinne der Warenzeichen- und Markenschutzgesetzgebung als frei zu betrachten wären und daher von jedermann benutzt werden dürften.

Information bibliographique publiée par la Deutsche Nationalbibliothek: La Deutsche Nationalbibliothek inscrit cette publication à la Deutsche Nationalbibliografie; des données bibliographiques détaillées sont disponibles sur internet à l'adresse http://dnb.d-nb.de.
Toutes marques et noms de produits mentionnés dans ce livre demeurent sous la protection des marques, des marques déposées et des brevets, et sont des marques ou des marques déposées de leurs détenteurs respectifs. L'utilisation des marques, noms de produits, noms communs, noms commerciaux, descriptions de produits, etc, même sans qu'ils soient mentionnés de façon particulière dans ce livre ne signifie en aucune façon que ces noms peuvent être utilisés sans restriction à l'égard de la législation pour la protection des marques et des marques déposées et pourraient donc être utilisés par quiconque.

Coverbild / Photo de couverture: www.ingimage.com

Verlag / Editeur:
Presses Académiques Francophones
ist ein Imprint der / est une marque déposée de
OmniScriptum GmbH & Co. KG
Heinrich-Böcking-Str. 6-8, 66121 Saarbrücken, Deutschland / Allemagne
Email: info@presses-academiques.com

Herstellung: siehe letzte Seite /
Impression: voir la dernière page
ISBN: 978-3-8381-4133-6

TABLE DES MATIERES

INTRODUCTION GENERALE

« Organiser, c'est structurer... » Cette loi s'impose et exprime la mise en œuvre de toute une ingénierie, une animation ainsi qu'une coordination de l'activité des différents services qui concourent à la fabrication proprement dite. La structure est la somme totale des moyens utilisés pour diviser le travail en tâches distinctes et pour assurer la coordination nécessaire entre ces tâches.

Autrement, définir une structure suppose de définir les services à constituer, définir les attributions de chacun, fixer les moyens qui sont affectées aux différents services ainsi que préciser les relations entre ces différents services.

Plusieurs études et théories concernant l'organisation et les méthodes de travail ont été élaborées et ce depuis le temps de la révolution industrielle du XVII siècle. De nos jours, organiser ou réorganiser permet une optimisation des flux quelle qu'en soit leur nature flux de matière ou flux informationnels.

Et c'est pour faire face à l'évolution que l'entreprise ICAR (Industries de Carrossage Automobiles) a décidé de procéder à des investissements matériels et immatériels et de revoir la conception de ses ateliers afin d'optimiser les flux de production.

Cette conception fait l'objet de ce présent projet de fin d'étude, projet traitant l'activité article de ménage et consacré à la réimplantation de la ligne de préparation des sous-ensembles de la section Tôlerie, d'une part et à l'organisation des postes de cette ligne d'autre part.

Ce rapport est scindé en cinq chapitres. Dans le premier, nous avons eu recours à la bibliographie pour bien exposer les méthodes utilisées pour l'implantation et l'organisation des ateliers, le deuxième chapitre sera consacré au diagnostic des postes de ligne de préparation des sous-ensembles. Nous proposons une nouvelle implantation de cette ligne qui fait l'objet du troisième chapitre. Nous allons traiter ensuite les problèmes de l'organisation des postes dans le quatrième chapitre. Quant au sixième et dernier chapitre, il portera sur le problème de perte de temps lors de changement des séries.

Chapitre I

Etude Bibliographique

Avoir une ligne de travail bien organisée de point de vue implantation et aménagement des postes de travail demande au préalable une collecte des tous les données nécessaires qui peuvent entrer de près ou de loin dans les décisions à prendre. Dans ce chapitre, on va s'intéresser en premier lieu aux différentes méthodes d'implantation. Dans un deuxième lieu on va présenter les techniques de l'organisation scientifique d'un poste de travail, précisément la méthode des 5S et la méthode SMED.

1.   Implantation des moyens de production

Cet outil a pour but de résoudre un problème d'organisation de l'implantation des ressources d'une unité de production. Elle consiste à analyser les transports et les déplacements internes de l'entreprise, des qualités, des distances etc., afin de retrouver une disposition des postes de travail qui réduit et simplifie au minium les flux des produits et les manutentions.

1.1.   Les méthodes d'implantation

L'implantation peut être effectuée à travers différentes méthodes afin d'obtenir une solution théorique, on cite :

1.1.1. La méthode des gammes fictives

Encore appelée «méthode d'implantation en ligne », elle a pour objet de créer pour un groupe de produits défini par des gammes analogues, une ligne de fabrication tel que l'écoulement de diverses fabrications se fait toujours dans le même sens, qui est une direction commune.

Pour réduire les distances parcourues, les coûts de manutention, les encours de fabrication et les investissements en matériel, cette ligne doit permettre l'écoulement rationnel des fabrications, d'éviter les retours en arrière et rupture du circuit. La méthode des gammes fictives se base sur l'équilibrage des charges du travail des postes successifs.

1.1.2. La méthode des chaînons

Elle consiste à déterminer les postes qui ont plus de liaisons entre eux et à essayer de les rapprocher les uns des autres, en tenant compte des quantités transportées. A partir des gammes opératoires des différents produits, on détermine les liaisons entre les différents postes de fabrication, et les intensités du trafic correspondant. On dispose les postes ayant le plus grand nombre de liaisons, ensuite par tâtonnement, on place les postes par ordres de liaisons décroissantes; ceci en faisant attention et en pondérant selon l'intensité du trafic entre les postes.

1.1.3. La méthode de GRAFT d'Armour et Buffa

Cette méthode consiste à rechercher, par itérations successives, une meilleure solution de localisation possible pour chaque atelier de manière à limiter au maximum la distance journalière des chariots de manutention. Cette méthode a pour avantage de permettre à chaque itération d'améliorer la meilleure solution connue. Le temps ici joue un rôle très important, plus on consacrera de temps au calcul, la solution pourra être meilleure.

2. Notion d'ergonomie

L'ergonomie est l'étude scientifique des conditions de travail, particulièrement des interfaces hommes-machines. Les ergonomes contribuent à la conception et à l'évaluation des tâches, des machines et des outils, des produits, des environnements et des systèmes organisationnels en vue de les rendre compatibles avec les besoins économiques de l'entreprise, les compétences et les limites physiologiques et psychologiques de leur personnel. Les principales données ergonomiques applicables à la conception et à l'aménagement de postes de travail en vue d'améliorer les conditions de travail sont:

Accès et circulation. Notre objectif est de permettre à l'opérateur d'accéder et de circuler en toute sécurité dans son poste de travail, tout en minimisant sa fatigue.

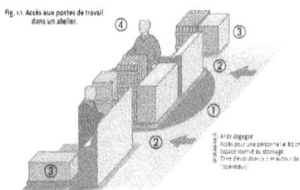

Figure I.1 : Accès aux postes

Nuisances physiques et chimiques. Pour rendre le poste de travail plus compatible et réaliser un travail sans contraintes, on doit diminuer les nuisances qui affaiblissent la productivité de l'opérateur.

Figure I.2 : Cabine isolant du bruit

Figure I.3 : Torche aspirante

Informations. Notre objectif est de présenter clairement les informations visuelles et sonores utiles pour réaliser le travail avec efficacité et en sécurité.

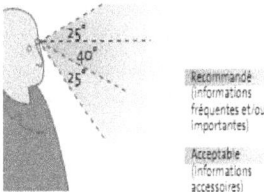

Figure I.4 : Disposition des informations

Manutention et efforts. Pour éviter les accidents et prévenir les troubles musculosquelettiques, on doit limiter les manutentions manuelles et les efforts à exercer.

Figure I.5 : Desserte mobile

Figure I.6 : Equilibreur de charge

Dimensionnement des positions de travail. Afin de travailler dans des positions adaptées non dangereuses pour la santé et plus confortables, on a recours à réaliser un dimensionnement bien étudié.

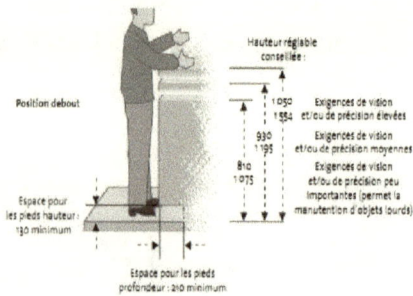

Figure I.7 : Dimensionnement du poste de travail

Figure I.8 : Zone de confort

3. Méthodes d'organisation des postes

3.1. Méthode des 5S

La méthode des 5S est un des outils de la Qualité Totale. Il s'agit d'une démarche professionnelle qui ne peut pas s'improviser. Elle a pour objectif des enjeux économiques et de progrès permanents. L'une des premières étapes, sinon la première, doit porter sur la propreté et la bonne organisation des bureaux et des postes de travail dans l'entreprise. Tous les services de l'entreprise sont concernés, de la prise de la commande à l'expédition du produit. La qualité d'une entreprise est jugée par sa clientèle à travers sa tenue, son allure, la présentation de son accueil, de son réseau commercial, de son siège social et de la première impression qu'elle donne au travers de l'organisation de ses ateliers. 5S tire son origine de la première lettre de chacune des 5 opérations à conduire dans cette technique. On peut les traduire approximativement par :

- Seiri : **Débarras**: Distinguer, les articles requis dans l'aire de travail parmi ceux qui sont inutiles. L'application d'étiquettes rouges est l'activité qui élimine ces articles superflus.

- Seiton : **Rangement**: Maintenir les articles nécessaires dans le bon endroit pour permettre une utilisation rapide.

- Seiso : **Nettoyage** : Maintenir les aires de travail, toutes les surfaces ainsi que l'équipement, propres et libres de débris, saleté et huile.

6

- Seiketsu : **Ordre** : définir l'activité standard, procédures, horaires et les personnes responsables de maintenir l'aire de travail propre et organisée.

- Shitsuke : **Rigueur** : inciter l'organisation à être disciplinée dans le maintien des nouveaux standards et procédures tout en améliorant continuellement la condition du 5S dans le lieu de travail.

Cette démarche est basée sur un aménagement participatif. Elle joue un rôle essentiel dans la prévention des accidents, puisqu'à terme, il n'est plus nécessaire de rappeler les règles de sécurité, car on note naturellement une plus grande ouverture d'esprit vers l'application des consignes.

3.2. Méthode SMED

Le SMED est une méthode d'organisation qui cherche à réduire de façon systématique le temps de changement de série, avec un objectif quantifié (Norme AFNOR NF X50-310).

Single Minute Exchange of Die = Echange d'outil en moins de 10 minutes

Single Minute signifie que le temps en minutes nécessaire à l'échange doit se compter avec un seul chiffre.

Quant s'applique le SMED ? Le SMED s'applique pour minimiser le temps de changement de fabrication, c'est à dire la durée qui s'écoule entre : la dernière pièce bonne de la fabrication précédente (série A) et la première pièce bonne de la fabrication (série B) suivante.

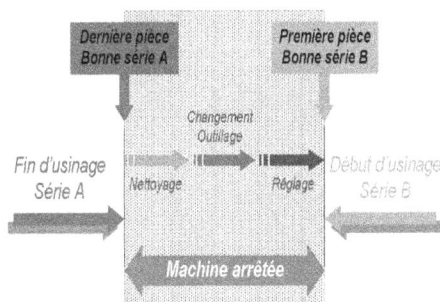

Figure I.9 : Changement des séries

7

Pourquoi appliquer le SMED ? Dans de nombreuses entreprises, les temps de changement de série trop importants provoquent une perte de productivité. (Pendant ce temps, les machines ne sont pas utilisées). L'augmentation de la taille des lots est alors tentante pour effectuer ces changements le moins souvent possibles. Le SMED donne de meilleurs résultats sans obliger chaque fois à de gros investissements.

Le but du SMED est de minimiser les temps d'arrêt des postes de travail et plus généralement des machines lors des changements de références de fabrication. En d'autres termes, le SMED signifie changement rapide d'outil. Cette méthode est basée sur 4 principes :

- Supprimer les opérations inutiles,
- Simplifier les bridages et les fixations,
- Travailler en équipe,
- Eliminer les réglages et les essais.

Grâce au SMED, on peut notamment augmenter la productivité et la flexibilité de la production, améliorer la qualité et la sécurité, diminuer les coûts, réduire les stocks, éliminer les erreurs de réglage et diminuer le nombre de rebuts et de pièces de réglage.

Il parait nécessaire d'effectuer des études d'implantation et d'organisation des postes de charge afin de réussir à concevoir un atelier de travail avec une meilleure disposition et d'améliorer les conditions de travail. Dans le chapitre suivant, on va réaliser un diagnostic des postes de la ligne sujet de notre étude.

Chapitre II

Analyse De L'existant

On a réalisé un diagnostic afin d'avoir une vision globale et dynamique de l'entreprise et qui définit un schéma général du processus de décision. Ce diagnostic permet de détecter les points forts de l'entreprise pour les exploiter au mieux ainsi que les points faibles et les causes éventuelles de dysfonctionnement en vue d'y apporter toutes les améliorations nécessaires et possibles. Pour rester conforme au cahier de charge nous nous limitons au diagnostic des ateliers de la direction articles de ménage.

Donc un premier lieu on va présenter la méthodologie de travail adoptée pour la conduite du diagnostic. En deuxième lieu, on va relever les anomalies de ce service afin de mettre en place un plan d'action adéquat visant l'amélioration de la qualité de service de cette section vue son importance et sa dépendance des autres services.

1.   Méthodologie de travail

L'étude de l'existant est basée sur différents outils à savoir : l'observation, l'analyse documentaire, l'analyse du système d'information et le questionnaire.

Observation. On a compris le fonctionnement réel de l'entreprise. On a bien analysé la circulation des différents flux physiques et informationnels et l'ambiance de travail.

Analyse documentaire. On a vérifié que l'existant fonctionne sur des bases écrites et on a apprécié le degré d'efficacité du système documentaire qui est nécessaire pour l'analyse des performances de l'organisation.

Analyse du système d'information. On a contrôlé le degré de flexibilité du système d'information en terme de permanence des données susceptibles d'être à la base de prise de décision en temps réel.

Questionnaire. On a fait des réunions avec les différents responsables de l'organisation afin d'éclaircir et de détailler certains points.

2. Présentation de l'entreprise et description du processus de travail

L'entreprise ICAR (Les Industries de Carrossage Automobiles) se décompose en deux usines :

- **Usine 1** : Elle a comme activité la fabrication des carrosseries Autobus et Autocars qui s'adaptent sur des châssis de différentes marques.
- **Usine 2** : Elle a comme activité le montage des véhicules industriels: montage des camionnettes et des camions de différentes marques couvrant l'ensemble de la gamme des véhicules industriels (petit, moyen et grand tonnage).

Concernant **l'usine 1**, son système de production est composé de plusieurs section ; la section débitage, la section presse, la section Tôlerie, la section peinture, la section garnissage et la section finition.

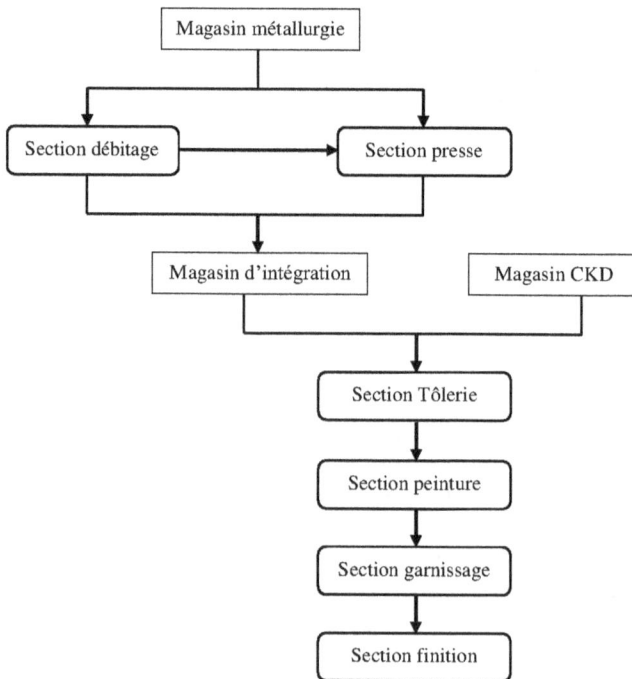

Figure II-1 : Flux de matière dans l'sine 1

La section tôlerie est actuellement composée de trois lignes implantées parallèlement.

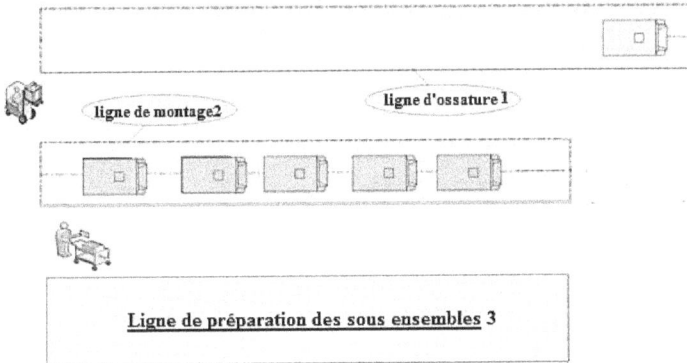

Figure II.2 : Lay out actuel de la section tôlerie

On va s'intéresser cependant à la section tôlerie, plus exactement à la ligne de préparation des sous-ensembles, sujet de notre étude. Chaque poste de cette ligne nécessite entre 2 et 5 ouvriers chargés d'effectuer les opérations nécessaires pour préparer les sous-ensembles (portillons, marches pieds, armoires de portes, tableau du bord…). Les procédés de fabrication dans cette ligne sont la soudure MIG/MAG, la soudure par point, la soudure au chalumeau, le rivetage et le collage. On trouve aussi des accessoires spécifiques pour l'autocar VW et d'autres pour l'articulée O500 suivant l'ordre de fabrication O.F de chaque période (voir annexe II-1).

3. Description de la ligne de préparation des sous-ensembles (ligne 3)

La forme de la ligne de préparation des sous-ensembles (ligne 3) est linéaire. Dans la suite, on va décrire le fonctionnement de chaque poste de travail dans cette ligne.

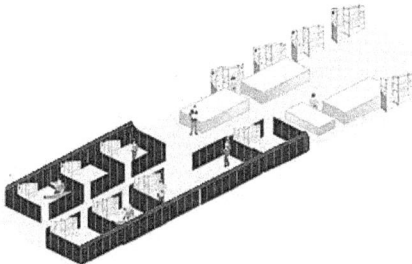

Figure II.3 : Vue en 3D de ligne 3

11

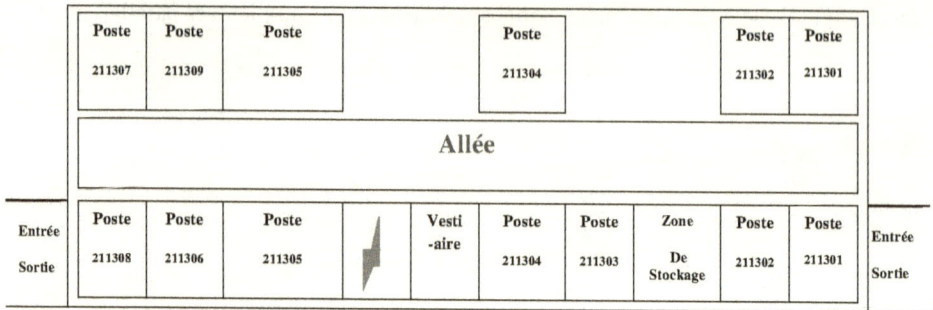

Poste 211307	Poste 211309	Poste 211305		Poste 211304		Poste 211302	Poste 211301

Allée

Entrée Sortie	Poste 211308	Poste 211306	Poste 211305		Vesti-aire	Poste 211304	Poste 211303	Zone De Stockage	Poste 211302	Poste 211301	Entrée Sortie

Figure II.4 : Implantation actuelle des postes dans la ligne 3

3.1. Poste 211301

L'activité principale de ce poste est la préparation module centrale (Soudage **MAG**).

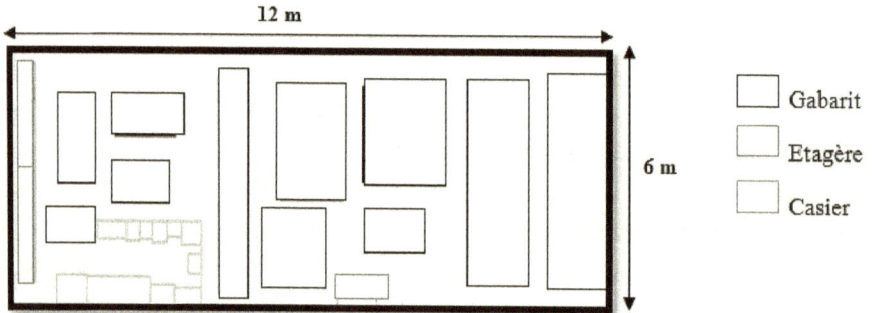

12 m — 6 m

Gabarit
Etagère
Casier

Figure II.5 : Implantation actuelle de la poste 211301

Les premières observations montrent des inconvénients au niveau de :

♦ Nuisances physiques et chimiques :
- Absence des dispositifs de protection (hotte, écran absorbant..) et de sécurité.
- Manque de protection des postes voisins contre les rayonnements, éblouissement et coup d'arc.
♦ Contraintes de temps:
- Pour changer les bouteilles de gaz, l'ouvrier se déplace inutilement.

Par conséquent, on note les problèmes suivants:

- Une augmentation des risques des maladies professionnelles et des accidents de travail.
- Augmentation de l'intervention de l'opérateur et du temps perdu.

3.2. Poste 211302

Il a comme activité la préparation de plancher pour l'autobus 397 (Soudage **MAG**).

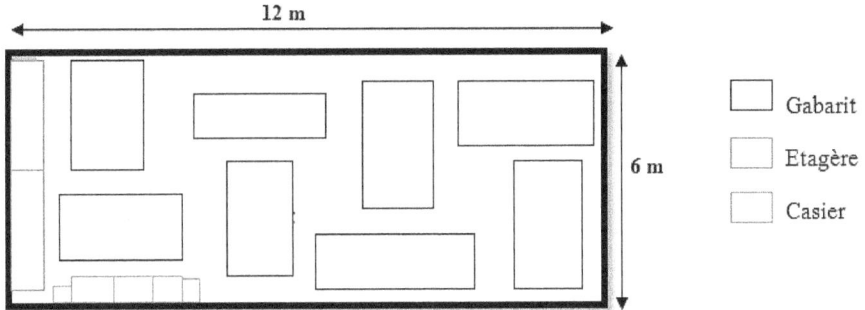

Figure II.6 : Implantation actuelle de la poste 211302

On note les mêmes problèmes que pour le poste 211301.

3.3. Poste 211303

C'est le poste de soudure par point.

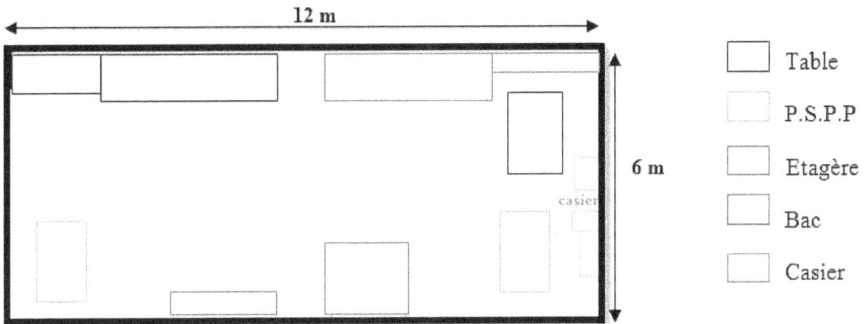

Figure II.7 : Implantation actuelle de la poste 211303

Notre observation montre plusieurs problèmes au niveau :

- Technique : nuisance à la qualité et non flexibilité et perte de temps.
- Ergonomique : Encombrement (machine et réservoir).

Par conséquent, il est recommandé d'utiliser une pince de pointage.

3.4. Poste 211304

Ce poste est destiné pour la préparation de plancher pour l'autocar 397 (Soudage **MAG**).

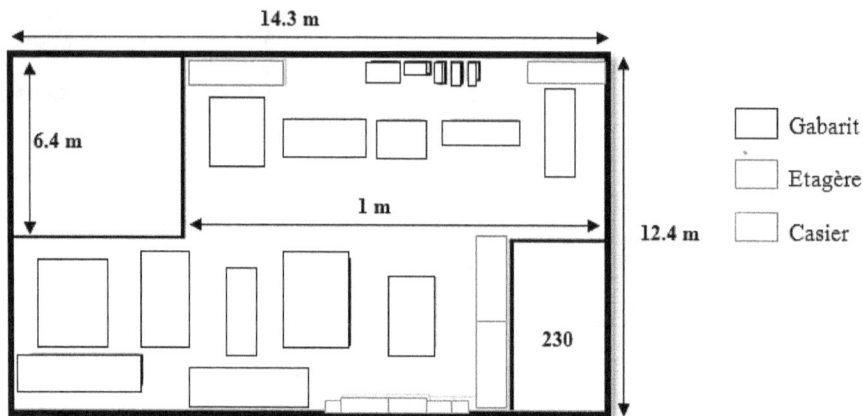

Figure II.8 : Implantation actuelle de la poste 211304

On constate des anomalies au niveau de :

♦ Accès et circulation :
- Encombrement vu qu'ils utilisent beaucoup des gabarits d'assemblage disposés sur presque 24 m.
- L'allée de circulation n'est pas dimensionnée ainsi la distance entre deux gabarits est inférieur à 50 cm.
♦ Nuisances physiques et chimiques :

Le soudage des tubes galvanisés augmente :

- La fumée
- Le défaut au niveau de soudure

Par conséquent, il y a tendance à :

- Une diminution de la cadence et de rendement de l'opérateur.
- Une augmentation du temps de production et des accidents de travail.

3.5. Poste 211305

Ce poste a comme activité la préparation et le collage des portillons, préparation de tableau de bord...

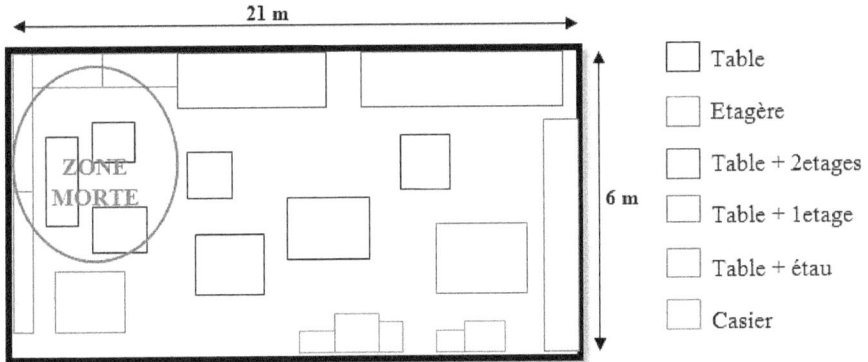

Figure II.9 : Implantation actuelle de la poste 211305

Dans ce poste, on a remarqué des dysfonctionnements au niveau de :

* Accès et circulation :
  - Un seul accès pour le poste laisse une zone déliée et inaccessible « Morte ».
  - Produit fini (pare à choc) stocké par terre : manque des supports de stockage.
  - La production actuelle dans l'atelier de tôlerie se fait par un seul modèle (Autocar VW), alors que les gabarits de 3 modèles (Mercedes, autobus, autocar) sont tous installés dans le poste. Celui-ci engendre des trajets longs et des surfaces non exploitées.
  - La figure suivante explique l'utilisation d'énormes tables au moment de collage des 9 portillons.

Figure II.10 : Portillons encours de collage

15

- Contraintes de temps :
  - L'utilisation des serre-joints engendre un temps perdu important.
- Informations :
  - Présence des plusieurs gabarits qui ne sont pas identifiés.
  - Matière première non identifiée et mal organisée.

Ainsi, il est recommandé de :

- Ajouter un autre accès pour le poste.
- Utiliser des étagères pour le stockage des portillons en cours de polymérisation de mastic.
- Préparer une zone de stockage pour les gabarits.

3.6. Poste 211306

L'activité de ce poste est l'assemblage des portillons latéraux, assemblage armature portillon moteur, assemblage porte passager… soudure aluminium (soudage MIG).

On a constaté des problèmes au niveau de :

- Accès et circulation :
  - L'espace occupé par ce poste est très réduit.
  - Le manque des supports et des armoires, engendre des produits assemblés et stockés par terre.

- Contraintes de temps :
  - Un déplacement obligatoire de l'opérateur pour chercher les tôles 'distance : 45 m'.
  - Temps important de réglage de la position des tubes et leur mise en place.

- Informations :
  - Il n y ni affichage claire de la gamme de fabrication ni des plans d'ensembles.
  - Une mauvaise organisation et absence d'identification de la matière première.

En tant que résultat, il y a:

- Un gaspillage de temps pour chercher les tubes ou la tôle adéquate.
- Encombrement dans la zone de circulation de l'ouvrier.

3.7. Poste 211307

Ce poste prépare le support batterie, le support roue de secoure, l'armoire de porte, le mécanisme portillon moteur.

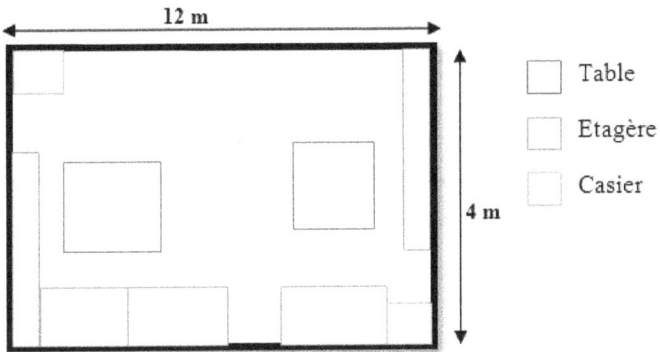

Figure II.11 : Implantation actuelle de la poste 211307

3.8. Poste 211308

Ce poste joue un role de finition des différents sous-ensembles soudés.

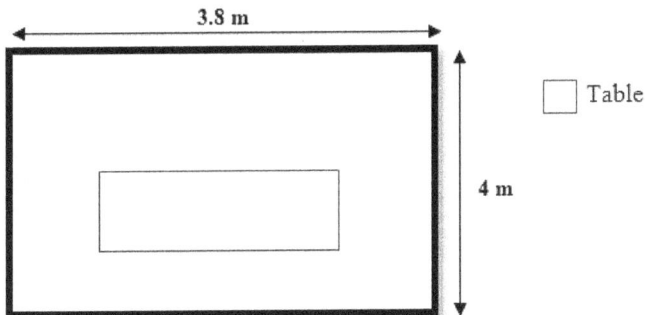

Figure II.12 : Implantation actuelle de la poste 211308

3.9. Poste 211309

Ce poste réalise la préparation de support siège.

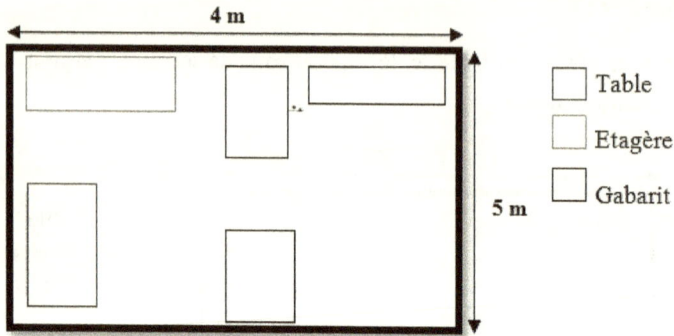

Figure II.13 : Implantation actuelle de la poste 211309

4. Etude des flux de matière

Pour assurer la production d'une grande variété de gammes de produits, ICAR se trouve obligé de gérer :

- Grand nombre de matières premières et de matières consommables.
- Des flux de produits complexes et variés circulant entre les différents ateliers.
- les activités de différents ateliers.

On a essayé d'étudier les différents flux de matières relatives à cette ligne :

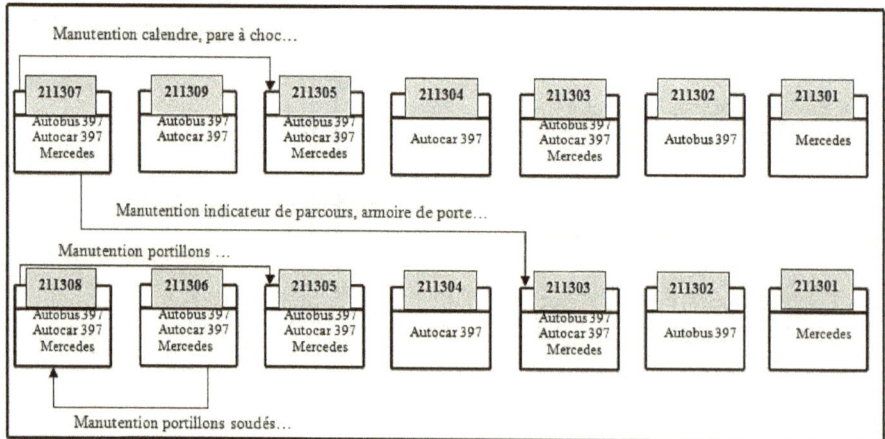

Figure II.14 : Flux entre les postes de la ligne 3

Ainsi on a remarqué des difficultés pour passer des produits dont les gammes ne sont pas proches :

18

- Augmentation de la charge du personnel (manutention manuelle sur des longs trajets).
- Allongement des temps de transfert des produits.

5. Synthèse des anomalies observées dans cette ligne

Dans un premier temps, on a commencé par un diagnostic général de cette ligne qui touche à tous les aspects et à toutes les fonctions de l'entreprise. Ce pré-diagnostic nécessitait notre présence au sein de l'atelier de production afin de bien déterminer tous les dysfonctionnements dans les postes de travail. À partir de ce diagnostic nous avons relevé plusieurs anomalies. Pour y remédier, nous proposons les projets d'amélioration illustrés dans le tableau suivant :

Anomalies	Projets d'amélioration
Accès et circulation : *Implantation non adaptée - flux de production non optimisé - Manutention manuelle sur des longs trajets. *Absence des systèmes de sécurité et d'aspiration de gaz lors de soudage.	• Réimplantation des postes de travail de manière à optimiser les flux de production et réduire les temps et les distances de manutention. • Mettre à jour et à la disposition des ouvriers des fiches d'instructions pour une meilleure rentabilité. • Amélioration des conditions de travail et de l'environnement.
Organisation : *Les postes sont mal organisés. *Absence d'identification des matières premières dans les postes de travail. *Problème de non propreté et présence des objets inutiles dans les postes de travail.	• Réaménager les postes de travail afin de minimiser le temps perdu dans la recherche.

Anomalies	Projets d'amélioration
Contrainte de temps : * Temps perdu lors de changement de séries * L'utilisation des serre- joints provoque un problème de non qualité et de réglage lors d`assemblage et de collage des portillons.	• Chercher des solutions techniques afin de réduire le temps de changement des séries

Tableau II.1 : Synthèse de diagnostic

Dans ce chapitre, on a examiné de manière méthodique l'existant de la ligne de préparation des sous-ensembles qui sera le terrain visé par la mission de mon projet. Dans les chapitres suivants, on va appliquer en premier lieu une méthode d'implantation pour optimiser le flux entre les postes de cette ligne, ensuite on va réaménager les postes en utilisant la méthode des 5S, enfin on va réduire de façon systématique le temps de changement de série à l'aide de la méthode SMED.

Chapitre 3

Proposition d'une nouvelle implantation

Dans cette partie, on a effectué une analyse pour améliorer la disposition des postes de la ligne de préparation des sous-ensembles afin de mieux organiser le travail, d'optimiser les flux de production et de minimiser les déplacements des opérateurs. Pour atteindre cet objectif, nous allons suivre les étapes suivantes :

1. Inventorier les postes de travail

2. Collecter les données relatives aux gammes opératoires des pièces à traiter par l'ensemble de ces postes de travail

3. Appliquer une méthode d'implantation

5. Tracer l'implantation théorique

6. Adapter l'implantation théorique aux locaux prévus

Pour mieux organiser les flux de la ligne de préparation des sous-ensembles et pour rester conforme au cahier des charges, nous nous proposons d'appliquer la méthode des antériorités qui parait la méthode adéquate dans notre cas, en effet les gammes opératoires des différentes familles présentent beaucoup des « va et vient » entre les postes de charges. Ensuite l'implantation proposée sera évaluée et comparée à l'implantation actuelle.

1. Conception d'un nouveau plan d'aménagement de la ligne
1.1. Inventaire des postes de travail et collecte des données

L'atelier à implanter comporte 9 postes de travail notés de 211301 à 211309. Après la collecte et la détermination des gammes opératoires des pièces à traiter, on a remarqué que l'échange est très fréquent entre les postes 211303, 211305, 211306, 211307 et 211308 (voir figure II.1), donc ils sont en rapport directe. En effet ils sont enchainés pour fabriquer les mêmes articles. Dans la suite on va essayer de diminuer les distances entre ces postes et d'éviter le croisement de flux des matières.

1.2. Application de la méthode des antériorités

Soit les gammes ci-dessous :

	211303	211305	211306	211307	211308
13 Portillons		3	1		2
Porte passagers AV		3	1		2
Porte passagers AR		3	1		2
Armoire de porte	1	4	2	3	
Indicateur de parcours	1			2	

Etape 1: On établit le tableau des antériorités suivant:

Postes	211303	211305	211306	211307	211308
Antériorités		211303 211306 211307 211308		211303 211306	211306

Etape 2: les postes qui non pas d'antériorité, sont placés en premier lieu :

Postes	211303	211305	211306	211307	211308
Antériorités		211303 211306 211307 211308		211303 211306	211306

> 211306

> 211303

Etape 3: les postes 211307 et 211308 sont placés en parallèle et en second lieu.

Postes	211303	211305	211306	211307	211308
Antériorités		211303		211303	211306
		211306		211306	
		211307			
		211308			

211306	211308

211303	211307

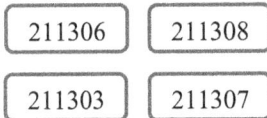

Etape 4 : le poste 211305 n'a pas d'antériorité, on le place suivant le poste 211307.

Postes	211303	211305	211306	211307	211308
Antériorités		211303		211303	211306
		211306		211306	
		211307			
		211308			

L'implantation finale des postes par la méthode des antériorités est :

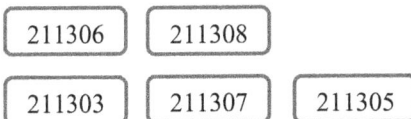

211306	211308

211303	211307	211305

1.3. Adaptation de l'implantation théorique dans les locaux prévus

Il faut utiliser un plan de masse détaillé des locaux et découper les silhouettes des postes de travail à la même échelle. Il faut aussi tenir compte de la forme des bâtiments, de l'emplacement des obstacles tels que poteaux de soutien et orienter l'implantation théorique en fonction des ouvertures pour les entrées sorties des matières. Le plan de l'application directe de la méthode des antériorités est détaillé à l'aide d'AUTOCAD qui est un logiciel de CAO, c'est le logiciel le plus utilisé dans les bureaux d'études de l'ICAR.

1.4. Implantation proposée

En se basant d'une part sur les contraintes considérées pour le nouveau atelier tel que

- La position des portes d'entrées sorties.

Et d'autre part sur les problèmes rencontrés dans l'implantation actuelle des postes :

- Le poste de préparation des traverses 211304 doit être à proximité de l'entrée d'air frais.
- La zone de stockage des gabarits de collage doit être à proximité du poste 211305.
- Installation du gaz.
- L'aspiration : installation d'une ventilation liée sur toute la ligne.

Figure III.1 : Installation d'une ventilation liée

Enfin, en tenant compte de toutes ces contraintes, nous avons établi le **plan d'implantation final** ci-dessous :

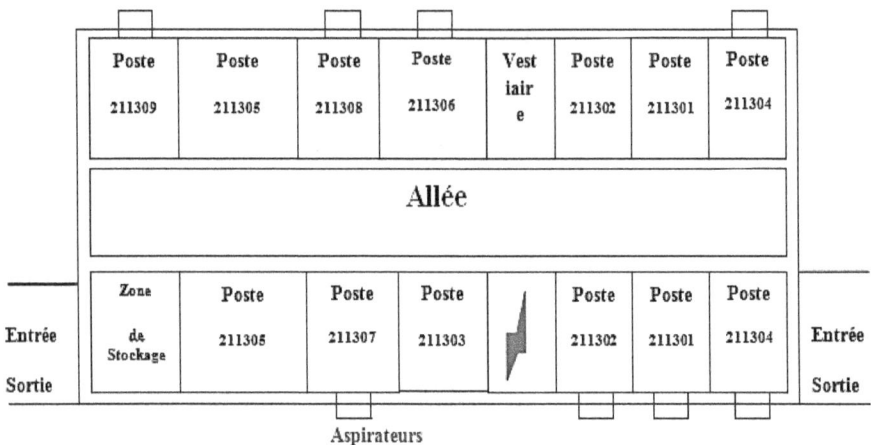

Figure III.2 : Implantation proposée de la ligne 3

2. Evaluation et comparaison

Pour évaluer l'implantation proposée d'une part et convaincre la direction d'autre part, on a fait une estimation des distances de manutention pour la comparer à l'implantation actuelle.

Pour bien comparer les distances de manutention des deux implantations, nous devons calculer les distances inter-postes des deux implantations.

2.1. Estimation des distances entre les postes :

Pour l'implantation actuelle, nous avons mesuré les distances entre les différents postes (voir tableau 1) tandis qu'une simple lecture sur AUTOCAD suffit pour déterminer les distances inter postes de l'implantation proposée (voir tableau 2).

Tableau III.1 : Distance inter-poste de l'implantation actuelle

Distance (m)	211303	211305	211306	211307	211308
211303		43	62,5	79,5	73,5
211305			19,5	36,5	30,5
211306				17	11
211307					8
211308					

Tableau III.2 : Les distances inter-poste de l'implantation proposée

Distance (m)	211303	211305	211306	211307	211308
211303		28,5	2	12	10
211305			13	16,5	12,5
211306				10,5	11
211307					2
211308					

2.2. Estimation des distances de manutention des deux implantations et évaluation des gains

Afin d'estimer les gains apportés par l'implantation proposée en terme de distance de manutention, nous avons calculé, d'une part, dans le tableau 3 :

- **D.A** : Distance de manutention de l'implantation actuelle,

- **D.P** : Distance de manutention de l'implantation proposée,

- **D.T.A** : Distance totale, par ordre de fabrication O.F, de manutention de l'implantation actuelle, c'est le produit de la distance de manutention de l'implantation actuelle et le nombre de lots de chaque produit.

- **D.T.P** : Distance de manutention de l'implantation proposée, c'est le produit de la distance de manutention de l'implantation proposée et le nombre de lots de chaque produit.

Tableau III.3 : Les distances de manutention de chaque produit

Produit	D.A (m)	D.P (m)	Nombre de lots par O.F	D.T.A (Km)	D.T.P (Km)
13 portillons	41,5	23,5	780	32,37	18,33
Porte passager AV	41,5	23,5	60	2,49	1,41
Porte passager AR	41,5	23,5	60	2,49	1,41
Armoire de porte	116	14,5	60	6,96	0,87
Indicateur de parcours	79,5	12	60	4,77	0,72

Pour mieux visualiser les gains en distances apportés par chaque famille nous avons transformé ce tableau en un graphe :

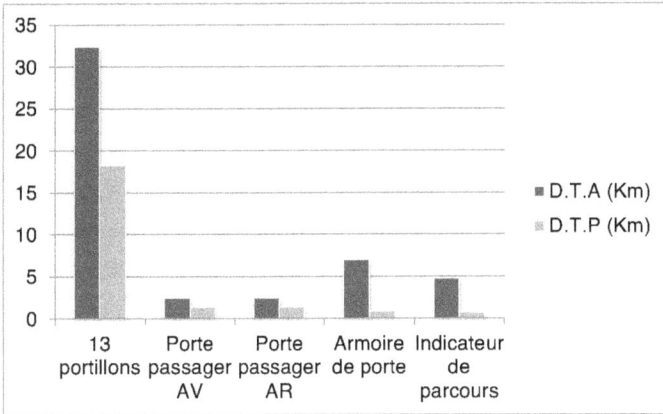

Figure III.3 : Gain en distance par O.F

En ajoutant les distances de manutention de toutes les familles de produits nous pouvons évaluer le gain apporté par notre implantation en terme de distance de manutention. Ceci étant résumé dans le tableau 4.

Tableau III.4 : Gain en distance par O.F

	D.T.A	D.T.P
Distance totale par OF	49,08	22,74
Gain par O.F en Km:	26,34	

Cette implantation permet de réaliser et faciliter le travail en minimisant les temps de circulation des flux physiques et informationnels. L'étape de comparaison entre notre implantation et l'implantation actuelle a montré des gains substantiels (gain en distance de manutention, gain en consommation énergétique, réduction des pertes du temps...). La nouvelle implantation montre également une disposition optimale des postes de travail qui nécessite une bonne organisation des produit finis, des matières premières et d'outillages qui fait l'objet du chapitre suivant.

27

Chapitre 4

Application de la méthode des 5S

La norme ISO 8402-94 définit la « Qualité » comme suit : **'Ensemble des caractéristiques d'une entité qui lui confèrent l'aptitude à satisfaire des besoins exprimés et implicites'**, pour assurer la qualité non seulement du produit fabriqué, mais aussi de la qualité au niveau du processus qui ne peut pas s'épanouir dans des ateliers sales et encombrés. Dans la suite on va s'intéresser aux problèmes résidants dans les deux postes d'assemblage armature 211306 et de collage et préparation portillon 211305 qui sont considérés les plus mal organisés, et d'essayer de les rendre deux postes pilotes pour toute la ligne 3 en utilisant les la méthode des **5S**.

1. Démarche à suivre

La démarche de la méthode 5S se résume à:

- ◆ 1er S : Seiri ou éliminer
- ◆ 2ème S : Seiton ou ranger
- ◆ 3ème S : Seiso ou nettoyer et inspecter
- ◆ 4ème S : Seiketsu ou standardiser
- ◆ 5ème S : Shitsuke ou respecter ce standard ; le faire respecter et progresser

Donc on a résonné comme suit :

- Dans une première étape on a passé une période d'observation durant la quelle on a fait un diagnostic des problèmes de gaspillage en rapport avec les 5S.
- On a identifié les principales anomalies des postes dans le but d'y remédier.
- Enfin on a proposé des solutions à adapter.

2. Observation et critique de l'état actuel de deux postes

En observant l'état actuel de la ligne trois de la section tôlerie, on remarque plusieurs anomalies. Parmi les quelles : les mouvements inutiles, les transports, les attentes, les stocks. Il est nécessaire d'avoir des conditions de travail adéquates pour ne pas gêner les mouvements des opérateurs et interrompre la production de toute la ligne. La situation actuelle des deux postes à étudier ne satisfait pas les conditions d'ordonnancement et de propreté. Les anomalies détectées seront illustrées ci-après.

2.1.   Situation actuelle au niveau du poste d'assemblage armature 211306
2.1.1. Stockage produit fini

Un des problèmes les plus rencontrés pendant notre observation de l'état existant de ce poste c'est de mettre les produits semi finis et finis (portillons) par terre, à cause d'un manque des supports et des armoires. Cette manière de stockage des portillons cause une grande perturbation lors de l'exécution des tâches et un encombrement dans les zones de circulation de l'ouvrier.

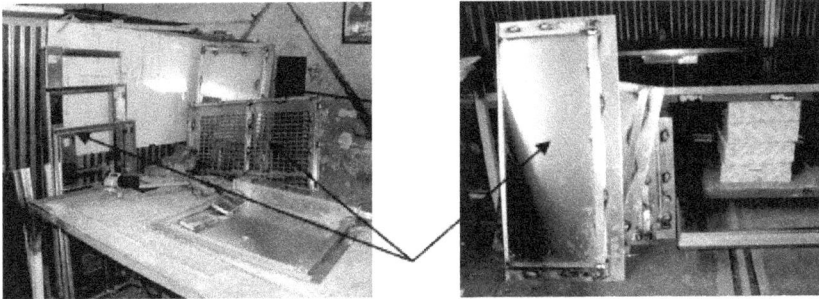

Figure IV.1 : Armatures stockées par terre

2.1.2. Stockage des matières premières

Un autre problème observé concernant l'emplacement des matières premières, il est aléatoire et mal organisé, il en résulte un gaspillage du temps pour chercher les tubes ou la tôle adéquate.

Figure IV.2 : Matière s premières non identifiées

2.1.3. Documentation

On remarque aussi un mauvais affichage des plans d'assemblage des armatures des portillons. On doit l'améliorer pour faciliter le travail de l'ouvrier et gagner du temps. On trouve deux différents plans de fabrication un pour l'Autocar VW et l'autre pour l'Articulé O500 M.A.

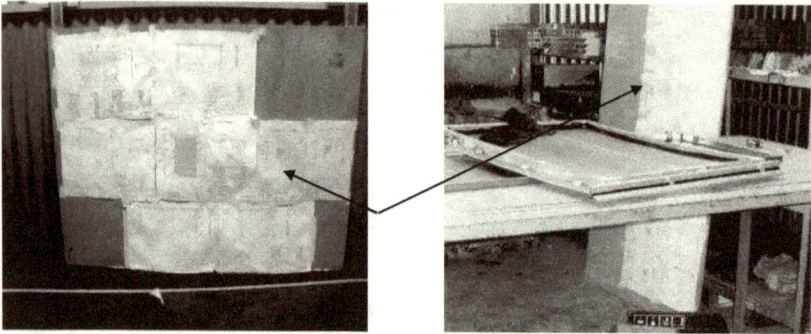

Figure IV.3 : Plans de fabrication non organisés

2.1.4. Propreté et table de travail

La propreté du lieu de travail est un critère très important dans la méthode des **5S**, mais on a remarqué une absence d'un standard de nettoyage qui a le rôle d'organiser et standardiser les opérations de nettoyages nécessaires pour garder un environnement agréable et adéquat. La tôle de table de travail est brisée ce qui cause mauvaise qualité de la tôle des portillons.

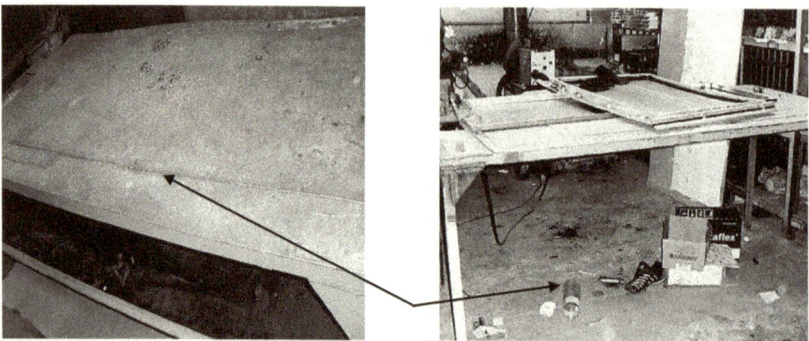

Figure IV.4 : environnement non propre

2.2. Situation actuelle au niveau du poste de collage et préparation 211305

2.2.1. Stockage des gabarits

On a remarqué la présence des gabarits inutilisés dans le poste de travail et l'utilisation des plusieurs gabarits qui ne sont pas identifiés et mal stockés. Absence des zones de stockage et présence des gabarits dans la zone de l'armoire électrique qui doit être dégagé pour la sécurité.

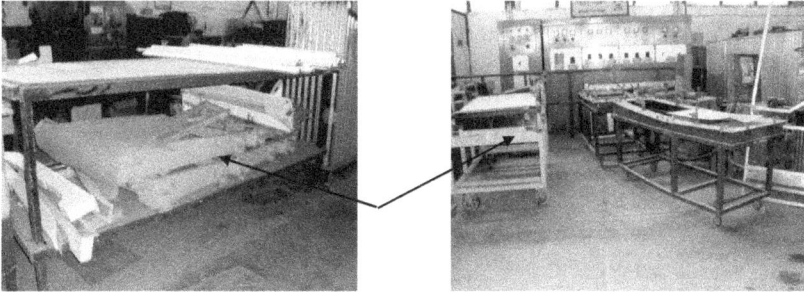

Figure IV.5 : Gabarits non utilisés

2.2.1. Stockage des produits finis :

Présence des produits semi fini et fini (pare à choc, portillons…) par terre, à cause d'un manque des supports et des armoires. Cette manière de stockage provoque des perturbations lors de l'exécution des tâches et un encombrement dans les zones de circulation de l'ouvrier.

Figure IV.6 : Pare à choc par terre

2.2.2. Manutention des gabarits

Un autre problème observé concernant la difficulté de déplacement des gabarits vue qu'ils sont sur des supports fixes et courts ce qui cause une perte de temps lors de l'ajout des cales pour pouvoir fixer les portillons sur le support de collage.

Figure IV.7 : Supports fixes

2.2.3. Table de travail :

Chevauchement des petites composantes (serrures, vis, rivets…) et outillages (riveteuse, taraudeuse, perceuse…) sur la table de travail ce qui cause un encombrement dans le lieu de travail et une perte de temps lors de la recherche d'un composant.

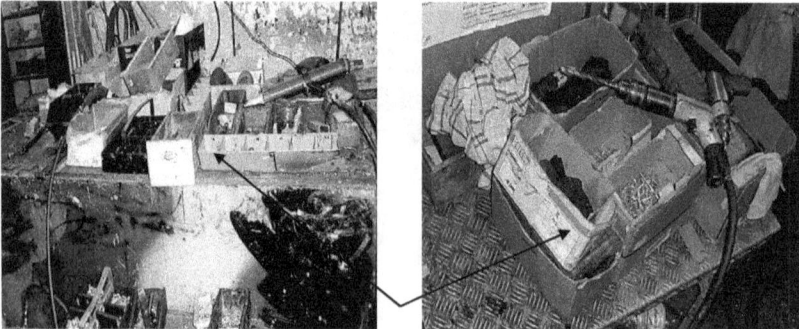

Figure IV.8: Table de travail actuel

3.   Application de la démarche

3.1.   SEIRI : débarrasser

Dans cette première phase, on cherche à ne garder que ce qui est considéré nécessaire et éliminer tout ce qui est inutile dans le poste de travail et dans son environnement (voir annexe IV-1). On va décider ensuite si l'objet:

- doit être rangé ou stocké ailleurs
- doit être jeté ou devrait être détruit
- nécessite réparation, calibration, rafraîchissement….

On utilise des étiquettes pour identifier les objets qui ne sont pas utiles en permanence au poste pour effectuer le travail. Ces étiquettes sont le plus souvent de couleur rouge pour être plus visible.

Exemples :

Figure IV.9 : Gabarit à éliminer   Figure IV.10 : Gabarits à ranger   Figure IV.11: Chariot à réparer

3.2.   SEITON : ranger

3.2.1. Poste d'assemblage des armatures 211306

Cette étape a pour objectif de ranger tout ce qui est nécessaire pour le fonctionnement du poste de travail tel que les outillages, matières premières (tubes en aluminium) et produits finis (portillons). Et ce pour éviter les arrêts inutiles. On doit réserver une place pour chaque objet et chaque objet doit être à son place.

Les actions effectuées pour assurer l'ordonnancement dans notre poste sont :

Une première solution consiste à ajouter deux armoires pour le stockage des armatures soudées.

Figure IV.12 : Armatures rangées

Pour résoudre le problème de mauvais stockage de la matière première, on a utilisé des boites à bec pour rendre le stockage plus clair et plus visible.

Figure IV.13 : Stockage plus visible

Pour mieux identifier les composantes de chaque portillon, on a préparé des étiquettes qui désignent le nom des portillons et les numéros de toutes ses composantes. On a réalisé ce travaille pour les portillons de Mercedes Touristique (voir annexe IV-2).

Figure IV.14 : Etiquettes d'identification

Pour avoir un affichage plus clair des plans d'assemblage des armatures, on a préparé un tableau qui les représente clairement pour l'Autocar VW ainsi que pour l'Articulé O500 M.A.

Figure IV.15 : Plans de fabrication

On a changé la tôle de la table de travail pour une meilleure qualité des portillons et on a ajouté deux étages pour stocker les tubes longs (tubes de portillon moteur).

Figure IV.16 : Table de travail

Figure IV.17 : Etat final du poste d'assemblage des armatures 211305

3.2.2. Poste de collage et préparation portillons 211305 :

Les actions effectuées pour assurer l'ordonnancement du poste sont :

On a préparé des affiches désignant le nom de chaque gabarit afin de minimiser le temps de recherche (voir annexe IV-3).

GABARITS DE COLLAGE PORTE PASSAGERS AVANT VW

Figure IV.18 : Affiches d'identification

On a éliminé les gabarits de la zone de l'armoire électrique.

Figure IV.19 : Armoire électrique

Pour faciliter l'exploitation des gabarits, on a conçu et fabriqué deux tables roulantes. On a bien dimensionné la hauteur de ces tables afin d'éliminer l'utilisation des cales (voir annexe VI-4).

Figure IV.20 : Table roulante

On a profité d'une zone inutilisée pour le stockage des gabarits de collage des portillons.

Figure IV.21 : Zone de stockage

Pour améliorer la circulation de l'ouvrier, on a ajouté des roues à un support non utilisé, sur lequel on a stocké les pare chocs.

Figure IV.22 : Support de stockage

Conception et fabrication d'une table de travail aménagé pour contenir un support d'outillages et les petites composants tels que les serrures, les vis, les rivets… (voir annexe IV-5).

Figure IV.23 : Table de travail

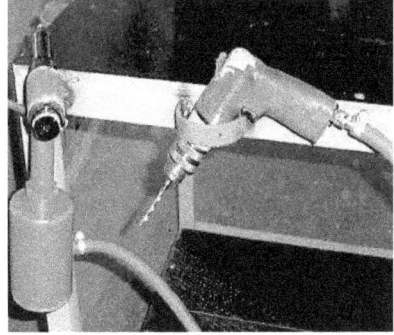

Figure IV.24 : Composants bien stockés

3.3. SEISO : nettoyer

La discipline de propreté des locaux et des installations constituent une des exigences de la norme ISO 9000. Nous avons insisté aux opérateurs de faire le nettoyage de leurs postes de travail d'une façon périodique et surtout exploiter le temps mort pour ne pas perturber le rythme de production. Il s'agit de respecter la propreté des installations, c'est-à-dire éliminer les poussières, les graisses…

Pour en faire, on va proposer un standard pour suivre l'état de propreté de chaque poste dans notre ligne. (Voir annexe IV-6). A la fin de la journée, un opérateur du poste de travail doit réaliser les opérations mentionnées en haut (il doit cocher les cases des opérations réalisées, indiquer son matricule et signer).

3.4. SEIKETSU : standardiser

Dans cette phase on a établi des règles simples et visuelles de travail sur les étapes 1,2 et 3. On propose ainsi le standard suivant donné sous forme d'une AUDIT (voir annexe IV-7).

- Chaque mois, le poste de travail est audité selon un check liste prédéfini.

- L'audit des postes de travail est organisé une fois par mois pour tous les postes de travail de l'usine.

<u>Proposition</u> : Les opérateurs du poste qui aura la meilleure note seront récompensés par la **prime d'ouvrier exemplaire**.

3.5. SHITSUKE : respecter ou encore faire la rigueur

Vu que la méthode des 5S entre dans le cadre d'amélioration continue, on a conseillé le responsable de production de cette ligne de préparer un fichier Excel pour faire suivre l'application des S chacune à part et faire une comparaison des résultats dans le cadre d'une réunion mensuelle, pour faire enfin un rapport d'évaluation et rédiger un plan d'action.

→ Cette phase de travail se réalise grâce à un encadrement permanent car l'autodiscipline personnels a ses limites.

La méthode la plus efficace permettant de maintenir cette discipline consiste à impliquer le personnel lors de l'élaboration des règles et des procédures de travail et les inviter à la résolution des problèmes.

4. Gain apporté par la méthode des 5S

Le tableau suivant récapitule les gains quantitatifs et qualitatifs obtenus dans les deux postes suite à l'application de la méthode des 5S :

Tableau IV-1: Gain journalier apporté par l'application des 5S

	Avant 5S	Après 5S	Gain
Temps total de recherche par jour dans le poste 211306	80 min	15 min	81,25%
Temps total de recherche par jour dans le poste 211305	90 min	20 min	77,77%
Niveau de propreté	Très faible	Bon	
Niveau du rangement	Très faible	Très élevé	
Motivation des ouvriers	Faible	Elevée	

Dans cette phase, nous avons essayé d'appliquer la méthodologie des 5S afin de remédier aux pertes de temps dues à la mauvaise organisation de l'environnement de travail et rendre les outils et les équipements disponibles et facilement accessibles.

Nous avons aussi proposé et implanté des solutions, sans faire appel à des investissements lourds pour l'entreprise, qui ont été jugées efficaces par les responsables.

Cependant, pour que ces actions aboutissent à une certaine maîtrise des résultats d'amélioration, il faut assurer un suivi rigoureux de leur implantation et apprendre aux opérateurs à accepter les changements et les nouvelles habitudes de travail.

Chapitre 5

Application De La Méthode SMED

L'évaluation de l'état actuel du système de production a permis d'identifier certains problèmes liés à la production résultant souvent des mouvements supplémentaires de l'équipe d'ajustage. En effet, le temps de changement des séries est un temps de non production mais nécessaire pour le réglage. On s'intéresse à minimiser les temps de changement de série afin d'augmenter la production. Dans la suite on va appliquer la méthode S.M.E.D et évaluer le gain issu de cet outil.

Nous allons appliquer la méthode SMED sur la ligne 3 de préparation des sous-ensembles. Ainsi dans un premier temps, on a exposé le raisonnement qui a été suivi pour le choix des postes qui ont fait l'objet de l'action S.M.E.D. Par la suite, on va présenter au fur et à mesure le déroulement du chantier S.M.E.D.

1. Dépouillement et analyse des films

Après avoir filmé les changements de séries qu'il a été convenu de suivre, on a procédé au dépouillement des différents enregistrements afin de reporter fidèlement sur un tableau la liste chronologique des temps d'opérations élémentaires effectuées tout le long de changement.

2. Supprimer les opérations inutiles

2.1. Poste D'assemblage Des Armatures 211306

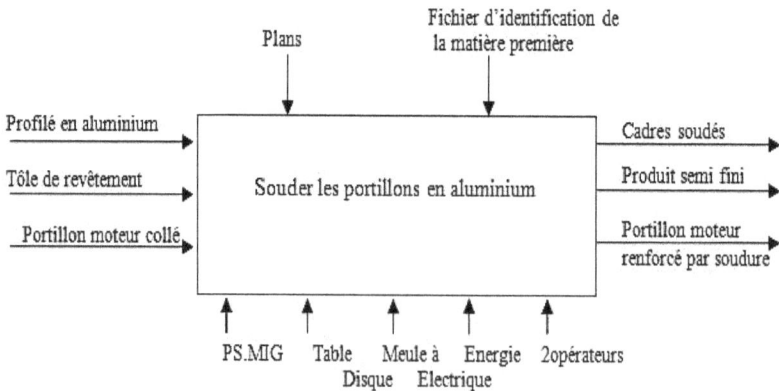

Ci-dessous, la gamme de fabrication des portillons de l'autocar VW qui dure une journée de travail:

ICAR	TACHES	
GAMME-FAB-CAR/ CONF 17.260EOT-VOLKSWAGEN_88 400 032		
SECTION TOLERIE POSTE 211306	DATE D'EDITION : 02/03/2001	
DESCRIPTION	Durée totale (min)	
Assemblage armature 1D	30	
Assemblage armature 1G	25	
Assemblage armature 2G	25	
Assemblage armature 3D	30	
Assemblage armature 3G	30	
Assemblage armature 4D	30	
Assemblage armature 4G	30	
Assemblage armature 5G	30	
Assemblage armature 6G	25	
Assemblage armature porte passagers avant	40	
Assemblage armature portillon gas-oil	35	
Assemblage armature filtre à air	35	
Assemblage armature radiateur	40	
Somme des temps	**405**	

Tableau V.1 : Gamme de fabrication

Pour effectuer l'assemblage de ces armatures, l'opérateur réalise des préparations et des réglages pour chaque armature. La gamme suivante décrit ces préparations :

Etapes	Photos	Description	Nombre d'opérateur	Observation
1		L'opérateur se déplace vers la poste de collage pour apporter la tôle du portillon adéquate, sur laquelle il va prendre les mesures. (Distance parcourue : 45m)	1	
2		L'opérateur place les tubes adéquats sur la tôle.	1	
3		Suivant le plan du portillon, l'opérateur règle l'emplacement de tube à gauche.	1	
4		Suivant le plan du portillon, l'opérateur règle l'emplacement de tube à droite.	1	
5		Fixation de la position des tubes par des serre-joints.	1	

Tableau V.2 : Gamme des préparations

Opérations	Opérations de soudage	Opérations de préparations
Assemblage armature 1D	18 min	12 min
Assemblage armature 1G	15 min	10 min
Assemblage armature 2G	13 min	12 min
Assemblage armature 3D	18 min	12 min
Assemblage armature 3G	19 min	11 min
Assemblage armature 4D	20 min	10 min
Assemblage armature 4G	17 min	13 min
Assemblage armature 5G	17 min	13 min
Assemblage armature 6G	15 min	10 min
Assemblage armature porte passagers avant	30 min	10 min
Assemblage armature portillon gas-oil	29 min	9 min
Assemblage armature filtre à air	25 min	9 min
Assemblage armature radiateur	29 min	10 min
Total	**264 min**	**141 min**

Tableau V.3 : Identification des opérations de soudage et des préparations

Durant cette phase du projet, on va réduire les temps des préparations en agissant sur les déplacements et les réglages inutiles. Suivant notre étude sur l'état actuel, on est arrivé à trouver une solution applicable pour les 9 armatures (1D, 1G, 2G, 3D, 3G, 4D, 4G, 5G, 6G).

Solution proposée : conception de deux gabarits (voir annexe V-1).

- Gabarit 1 pour assembler 5 armatures (1G, 1D, 2G, 4D, 6G).
- Gabarit 2 pour assembler 4 armatures (3G, 3D, 4G, 5G).

Grâce à cette solution, l'opérateur n'aura pas besoin ni de se déplacer pour apporter les tôles, ni de positionner des tubes suivant le plan et ni d'utiliser les serre-joints.

Réalisation : On a essayé de fabriquer un gabarit pratique pour l'ouvrier, ainsi :

- La position des tubes de chaque armature est dessinée par une couleur spécifiée.
- Le gabarit peut être stocké facilement dans l'étagère de cette poste.

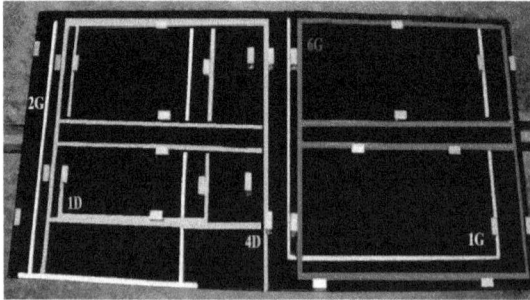

Figure V.1 : Gabarit 1

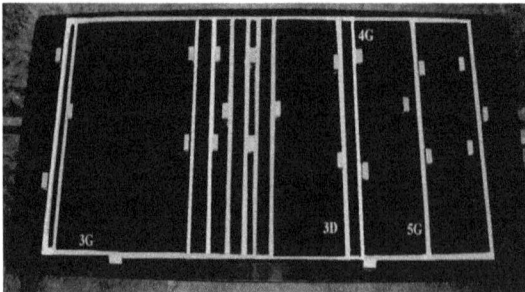

Figure V.2 : Gabarit 2

44

On a réalisé une évolution de cette solution, nous constatons qu'elle nous permet de gagner **109 minutes** ce qui correspond à un gain de **25,43%** de temps total de fabrication dans cette poste d'assemblage des armatures.

Figure V.3 : Opération d'assemblage armature 6G avec Gabarit 1

2.2. Poste D'assemblage Des Traverses 211304 :

On a remarqué que dans ce poste, l'utilisation des nombreux gabarits d'assemblage disposés le long de la ligne sur presque 24 mètres (Voir figure V.4). Cette disposition engendre beaucoup des problèmes :

- Problème de manutention.
- Problèmes lors de déplacement de l'ouvrier.
- Encombrement dans le poste.
- Augmentation du temps de production.

Figure V.4 : Gabarits actuels

2.2.1. Analyse fonctionnelle du besoin
- **Saisie du besoin :**

Dans la société **ICAR**, l'assemblage des traverses d'Autocar VW est réalisé par des gabarits.

Un seul opérateur est chargé de faire l'assemblage des trois traverses de formes différentes, donc il a besoin d'avoir trois gabarits différents dans son poste.

- **Modélisation :**

Notre système est modélisé comme suit :

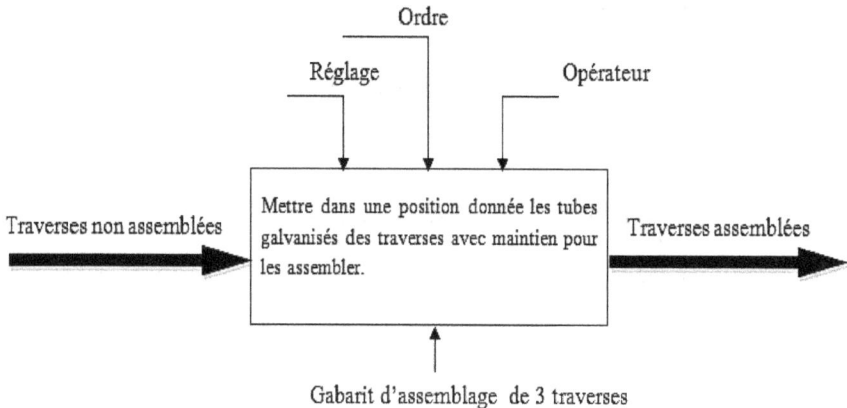

Traverses non assemblées → Mettre dans une position donnée les tubes galvanisés des traverses avec maintien pour les assembler. → Traverses assemblées

Ordre | Réglage | Opérateur

Gabarit d'assemblage de 3 traverses

- **Enoncer le besoin**

Afin d'exprimer le but et les limites de notre étude, nous avons fait appel à l'outil « bête à corne », ce qui nous mène à poser les trois questions suivantes :

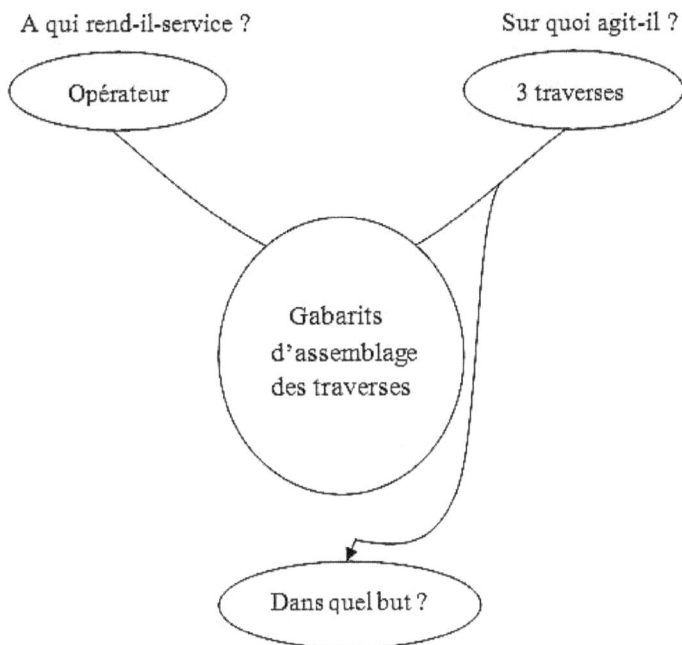

A qui rend-il-service ?

Opérateur

Sur quoi agit-il ?

3 traverses

Gabarits
d'assemblage
des traverses

Dans quel but ?

Minimiser le temps de production et gagner de l'espace

2.2.2. Identifier les fonctions de service : Diagramme pieuvre

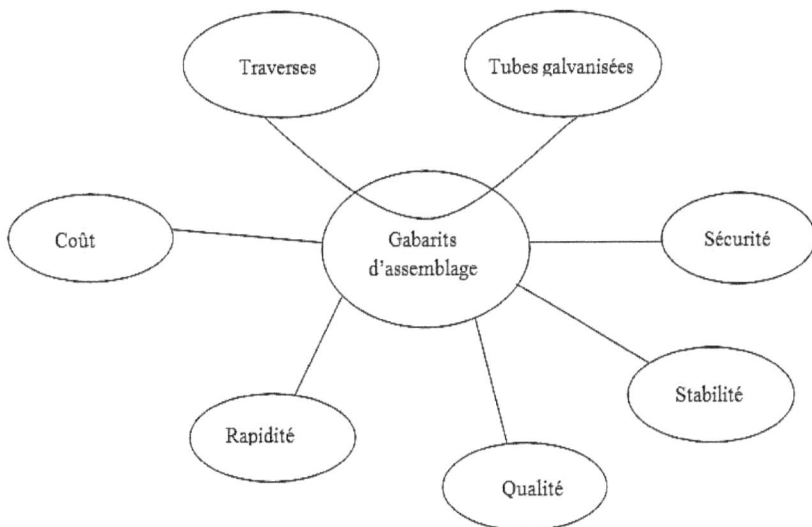

Traverses

Tubes galvanisées

Coût

Gabarits
d'assemblage

Sécurité

Rapidité

Stabilité

Qualité

2.2.3. Formulation des fonctions de service

- **Fonction principale :**

Fp1 : permettre à l'opérateur d'assembler les trois traverses successivement sur le même gabarit.

- **Fonctions contraintes :**

Fc1. Ne pas présenter de danger pour l'opérateur question de sécurité.

Fc2. Stable.

Fc3. Précis en montage.

Fc4. Rapide en montage et démontage.

Fc5. Plaire à l'œil.

Fc6. Moins coûteux.

→ L'outil tri croisé permet le classement des fonctions de services par importance en attribuant des notes de 0 à 3 puis on applique un état de comparaison entre elles. La pondération a été réalisée selon les critères suivants :

0 : pas de supériorité

1 : légèrement supérieur

3 : supérieur

4 : nettement supérieur

	Fc1	Fc2	Fc3	Fc4	Fc5	Fc6	Points	%
Fp1	Fp1　2	Fp1　2	Fp1　1	Fp1　2	Fp1　3	Fp1　2	12	28.6
	Fc1	Fc2　1	Fc3　1	Fc1　2	Fc1　3	Fc1　2	8	19
		Fc2	Fc2　0	Fc2　2	Fc2　3	Fc3　2	7	16.7
			Fc3	Fc3　2	Fc3　3	Fc3　2	8	19
				Fc4	Fc4　3	Fc4　2	5	11.9
					Fc5	Fc6　2	0	0
						Fc6	2	4.8
							42	100

Les résultats de la pondération des fonctions peuvent être représentées par l'histogramme suivant :

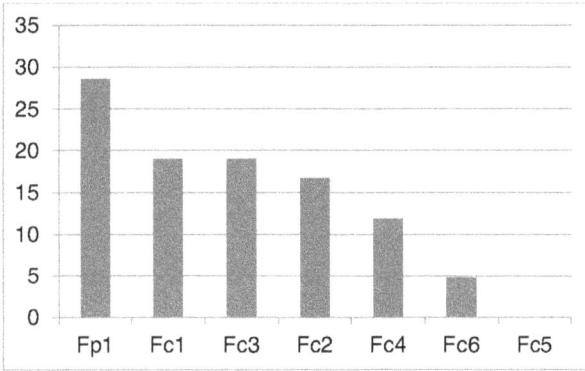

Figure V.5 : Histogramme de la pondération des fonctions

2.2.4. Choix de la solution

On note les différentes solutions :

- *Première solution*

Système avec un moteur réducteur. Transmission du couple par engrenages ou poulies.

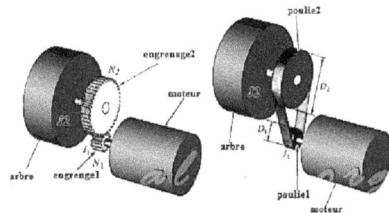

- *Deuxième solution*

Système avec un vérin hydraulique. La transmission se fait par crémaillère.

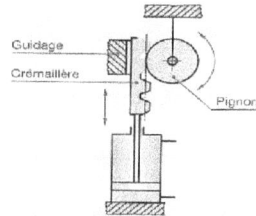

- *Troisième solution*

Système manuel.

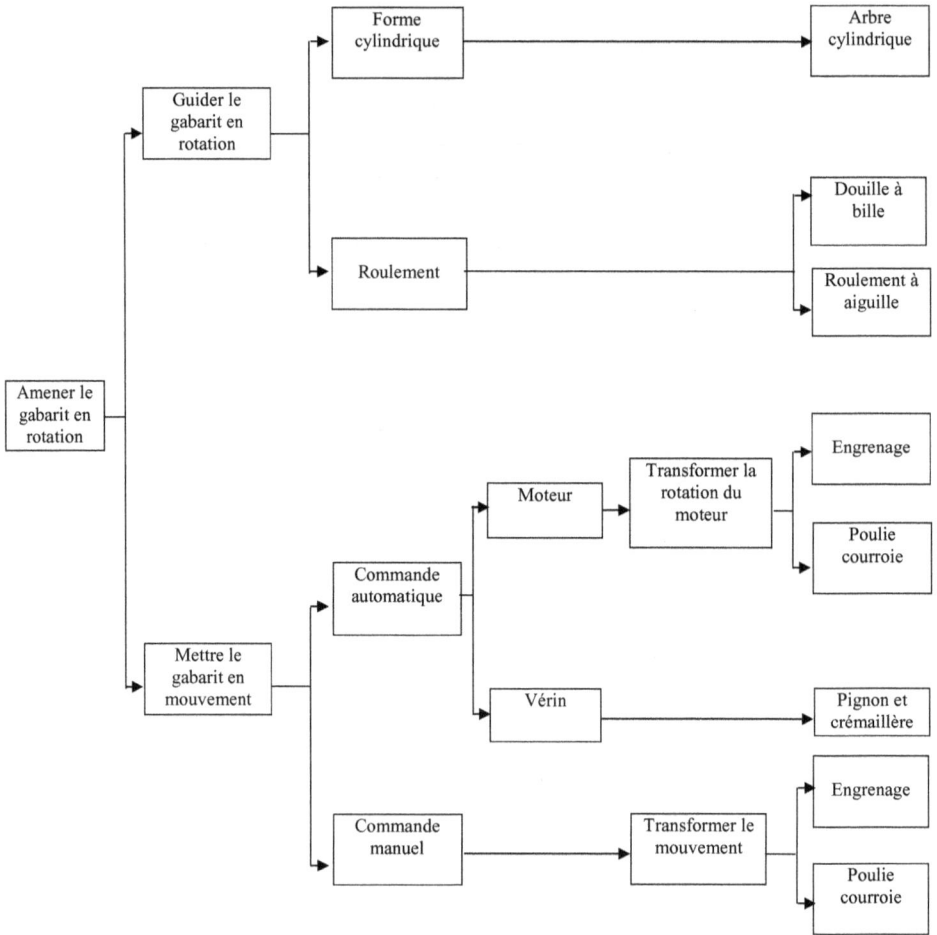

	Solution 1		solution 2		solution 3	
	niveau	point	niveau	point	niveau	point
Cout	élevé	1	moyen	2	Peu élevé	3
Performance	acceptable	2	acceptable	2	acceptable	2
Sécurité	respectable	2	respectable	2	respectable	2
Encombrement	Moyennement encombrant	2	Moyennement encombrant	2	Peu encombrant	3
Stabilité	Bonne stabilité	3	Bonne stabilité	3	Bonne stabilité	3
totale		10		11		13

D'après l'analyse précédente, nous constatons que la troisième solution est la meilleure puisqu'elle répond au critère et elle est la plus économique.

⇒ On choisit la **Solution 3**.

- **Choix de matériau**

Pièce	matière
Arbre	Acier non allié

- **Choix de roulement**

On va utiliser deux roulements montés sur l'arbre de rotation.

Diamètre intérieur	Diamètre extérieur	Epaisseur	Non de la configuration
105 mm	160 mm	33 mm	ISO 15 ABB-20105-Full,DE,AC

2.2.5. Conception

On a réalisé la conception d'un gabarit à 3 faces, chacune de ces faces sert à assembler une traverse bien déterminée (voir annexe V-2).

Par une simple rotation, le même opérateur peut assembler 3 traverses différentes sur ce gabarit sans aucune contrainte

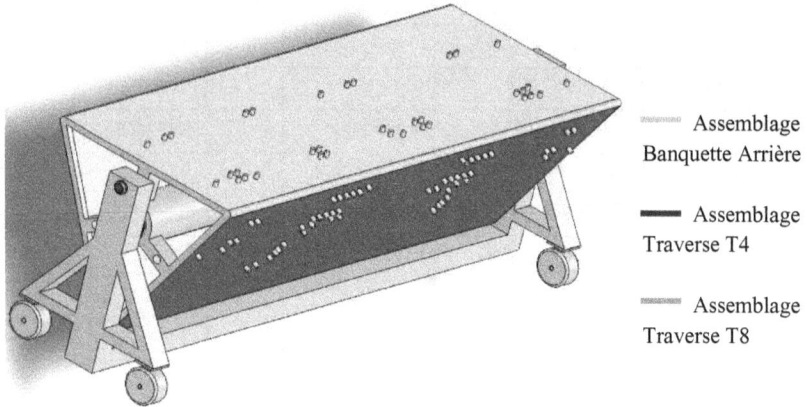

Assemblage
Banquette Arrière

Assemblage
Traverse T4

Assemblage
Traverse T8

Figure V.6 : Solution proposée

	Gabarits existants	Solution proposée
Accessibilité	*	***
Ergonomie	*	***
Cadence	*	**
Espace pour démontage	*	**
Minimisation de l'encombrement	*	***
Démontage de la structure du gabarit	*	***
Conformité des pièces (confusion de butés)	**	**

Tableau V.4 : Comparaison de l'état actuel avec la solution proposée

Adaptation de la disposition en rotation : Cette solution nous permet d'aboutir à une réduction de l'espace nécessaire jusqu'à **67 %** à l'actuel.

3. Simplifier le bridage et fixation

Après l'assemblage des armatures des portillons, ces armatures seront collées sur les tôles adéquates dans le poste de préparation et collage portillons 211305. On a besoin d'un serrage efficace et rapide des armatures sur tôles pour une meilleure qualité du produit.

3.1. Bridage de portillons de petite taille

Afin de fixer l'armature sur tôle de ces portillons, l'opérateur utilise des serre-joints comme le montre la figure ci-dessous.

Figure V.7 : Serrage actuel de portillon 4D

Ce système de fixation nécessite l'intervention des deux opérateurs et un temps important pour l'effectuer, ainsi on a :

Tableau V.5 : Temps de serrage nécessaire

Portillons	Temps de serrage (min)
1 D	12
1 G	11
2 G	10
3 D	12
3 G	11
4 D	12

4 G	11
5 G	11
6 G	10
Total de temps	**100**

Pour diminuer ce temps de serrage on a proposé la solution suivante :

Solution proposée : Conception d'un support de fixation par sauterelles pour les 9 portillons : 1D, 1G, 2G, 3D, 3G, 4D, 4G, 5G et 6G.

On a pris comme exemple le **portillon 4D** (voir annexe V-3).

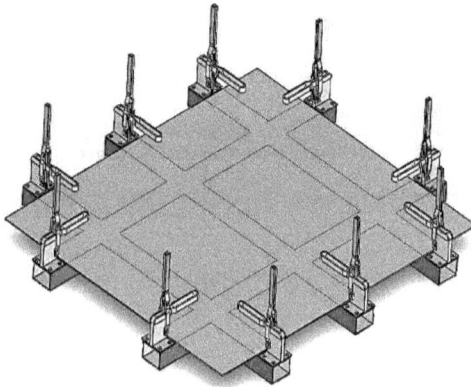

Figure V.8 : Support de fixation pour collage portillon 4

Cette solution est intéressante, en effet :

- Un seul opérateur est capable d'effectuer le serrage.
- L'effort appliqué par l'opérateur est faible.
- On n'a pas besoin d'utiliser des morceaux du bois.
- Le temps de l'opération de serrage des 9 portillons se réduit à 5 minutes.

Réalisation :

Figure V.9 : Support réalisé

Figure V.10 : Portillon 4D encours de collage

Cette solution nous permet d'aboutir à un gain de **95 minutes** pour l'opération de fixation de tous les portillons ce qui correspond à un gain de **95 %** de temps initial de préparation.

3.2. Bridage de portillons de grande taille

Les tôles se décollent fréquemment. Cela oblige à réaliser un serrage excessif durant le processus (65 serre-joints).

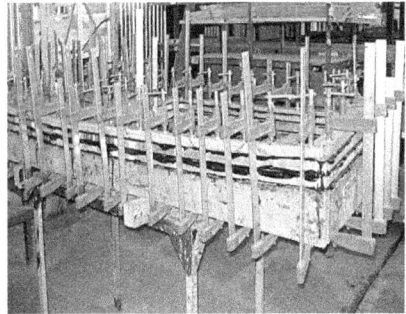

Figure V.11 : Etat actuel de système de fixation et de serrage

Ce système de fixation nécessite l'intervention des deux opérateurs ainsi qu'un effort et un temps très importants pour l'effectuer, ainsi on a :

Portillons	Temps de serrage (min)
Porte passager avant	45
Porte passager avant	38
Portillon moteur	40
Temps total	**123**

Tableau V.6 : Temps de serrage actuel

Alors, on a proposé deux solutions rapides et efficaces afin d'être plus productif :

3.2.1. Première solution

Le positionnement et le serrage pneumatique constituent une technique extrêmement fiable et efficace.

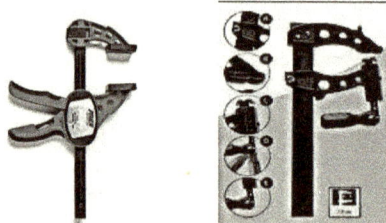

Figure V.12 : Serre-joints pneumatiques

✓ **Avantage :**

Cette solution permet :

- Gain de temps d'au moins 70 à 75% pour le serrage et le desserrage des composants.
- Augmenter considérablement la capacité de fabrication.

- Les forces de serrage sont constantes, permettant une grande précision de placement et de serrage.

✓ **Disfonctionnements :**

Cette solution ne permet pas de réduire le nombre des serre-joints nécessaires pour fixer l'armature sur la tôle.

3.2.2. Deuxième solution

Conception d'un système d'une presse à 4 colonnes et à 2 vérins pneumatiques (voir annexe V-4).

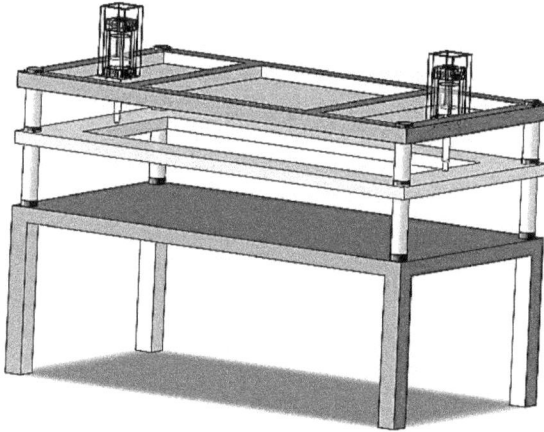

Figure V.13 : Presse pour collage des portillons

✓ **Avantage :**

Cette solution permet :

- Gain de temps de préparation d'au moins 90 à 95% pour le serrage et le desserrage,
- Facilité la mise en œuvre,

- Les forces de serrage sont constantes, permettant une meilleure qualité de l'opération,
- Elimination des serre-joints,
- Réduction des nombres d'opérateurs.

Au terme de cette étude, l'application du SMED a permis d'engendrer des améliorations quantitatives et qualitatives pour l'entreprise. Cependant, pour être efficace, l'application du SMED doit être accompagnée par une volonté d'amélioration réelle de tous les acteurs de l'entreprise et tout particulièrement des personnes directement concernées. En effet, on ne peut nier l'impact de la standardisation des outillages et de l'emploi des nouvelles technologies sur l'amélioration de la productivité et des conditions de travail.

CONCLUSION GENERALE

Dans le cadre de ce projet, nous avons mené une étude d'aménagement des postes dans le but de mettre en œuvre un système d'implantation qui tente de réduire les manutentions et d'améliorer les conditions de travail en vue d'augmenter la production d'une part et diminuer les coûts d'autre part.

Pour parvenir à des résultats fiables fondés sur des bases salubres, nous avons débuté notre travail par un diagnostic de l'existant afin de recenser ses points forts et ses points faibles, de définir, par la suite, les axes d'améliorations éventuelles et de proposer un plan d'action adéquat.

Pour concrétiser ce plan d'action nous avons eu recours, dans une première phase, à des études bibliographiques sur les méthodes d'implantation et les méthodes d'organisation des postes afin de bien réorganiser la ligne de production. En effet, nous avons proposé, une nouvelle implantation des postes de la ligne de préparation des sous-ensembles de la section Tôlerie dans le but d'optimiser les flux de production et de minimiser les déplacements des opérateurs.

Ensuite, et dans le même cadre d'optimisation de flux, nous avons appliqué la méthode 5S sur deux postes de cette ligne afin de minimiser le temps de changement et de recherche d'outils.

Nous avons également appliqué la méthode SMED dans le but de proposer et réaliser des solutions qui permettent d'éliminer les opérations inutiles et simplifier les bridages pour minimiser le temps de changement des séries.

Bibliographie

- Conception et aménagement des postes de travail. Fiche pratique de sécurité, INRS.
- « Le système SMED », Shigeo Shingo, Editions d'organisation, Paris 1987, 348p ISBN 2-7081-0776-3
- « Techniques de productivité : Comment gagner des points de performance pour les managers et les encadrants », Christian HOHMANN, Editions d'organisation, Paris, 2009, 248p, ISBN13 : 978-2-212-54295-0
- « Guide pratique des 5S et du management visuel : Pour les managers et les encadrants », Christian HOHMANN.
- http://www.gemy.fr/le-groupe/strategie.html

ANNEXE II-1

❖ **Accessoires préparés dans la ligne 3**

  a. Accessoires pour autocar VW :

Noms	Photos	Noms	Photos	Noms	Photos
14 Support porte bagage		Support fixation séparation		Porte drapeau D+G	
1 Support batterie		1 Support siège chauffeur		1 Béquille portillon radiateur	
4 gaines pour éclairage intérieur		2 Support extincteur		1 Tableau de bord	
1 Cache câble		Cadres trappe		Trappe moteur	
1 Grille sous lunette arrière		46 Boulon fixation siège		56 Boulon fixation porte bagage	
1 pare choc AV		1 pare choc AR		Porte passagers AV et AR	

b. Accessoires pour articulé O500 :

Noms	Photos	Noms	Photos	Noms	Photos
2 Indicateurs parcours latéral		1 Indicateur parcours frontale		5 Supports axe compas gaz	
1 Support siège chauffeur		Porte drapeau D+G		3 Béquilles support armoire	
7 coins Intérieur de pavillon		2 Supports extincteur		1 Tableau de bord	
1 Trappe pond AR		1 Trappe haut aspiration		1 Trappe bas aspiration	
1 Support commodo		1 Support batterie		1 En jeux livere	
1 Calendre		Pare à choc AV		Pare à choc AR	
3 trappes		2 Cadres trappes		1 Béquille portillon	

ANNEXE IV-1

Priorité	Fréquence d'utilisation	Stockage
Faible	Objets non utilisés depuis un an	Jeter
	Objets utilisés seulement une fois depuis un an	Stocker à l'écart
Moyen	Objets utilisés : — une fois au cours des six derniers mois — une fois par mois — une fois par semaine	Stocker ensemble dans l'unité de travail
Forte	Objets utilisés : — plus d'une fois par semaine — tous les jours — toutes les heures	Stocker à proximité du poste de travail ou porter sur soi

Mercedes Touristique

Etiquettes Désignant Le Nom De Chaque Portillon					
Portillon coffre batterie	**Portillon boitier électrique**	**Portillon réservoir gaz oïl**	**Portillon filtre à air**	**Portillon comp. moteur**	**Portillon radiateur**
Etiquettes Désignant Le Numéro Des Composantes De Chaque Portillon					
775023666	775024145	775024149	775024165	775023692	775023674
775023667	775024146	775024150	775024166	775023693	775023675
775023668	775024147	775023671	775023688	775023694	775023676
775023669	775024133	775023672	775023689	775023696	775023677
775023670	775025065	775023673	775025065	775023697	775023678
775025065	775021782	775025065	291130040	775025065	775023679
775021782		775021782		775024200	775023680
				775021782	775023682
					775025065

Gabarit de collage porte passagers arrière VW	Gabarit de collage portillon avant Mercedes touristique
Gabarit d'assemblage porte passagers arrière VW	Gabarit de collage portillon arrière Mercedes touristique
Gabarit d'assemblage porte passagers avant VW	Gabarit de collage armature avant Mercedes touristique
Gabarit de collage porte passagers avant VW	Gabarit de collage armature arrière Mercedes touristique
Gabarit de collage portillon moteur VW	Gabarit de collage portillon latéraux

ANNEXE IV-4

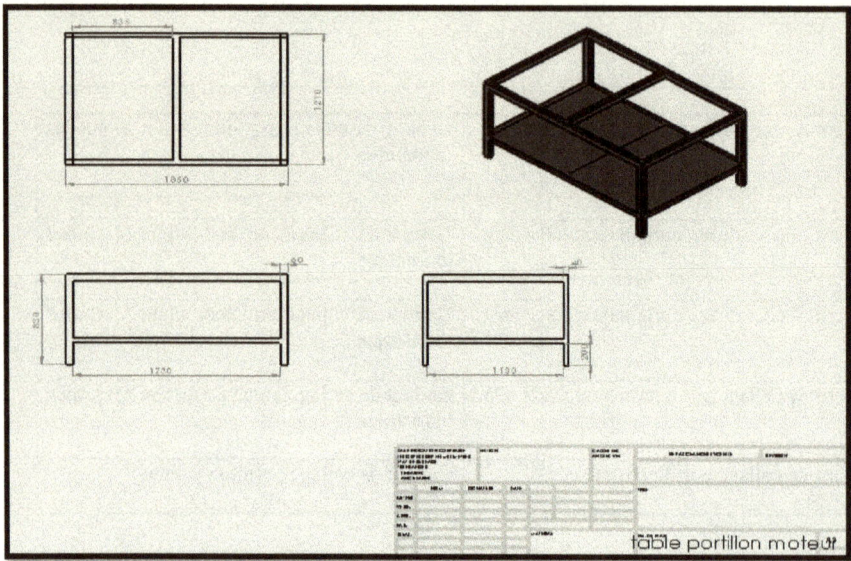

table portillon moteur

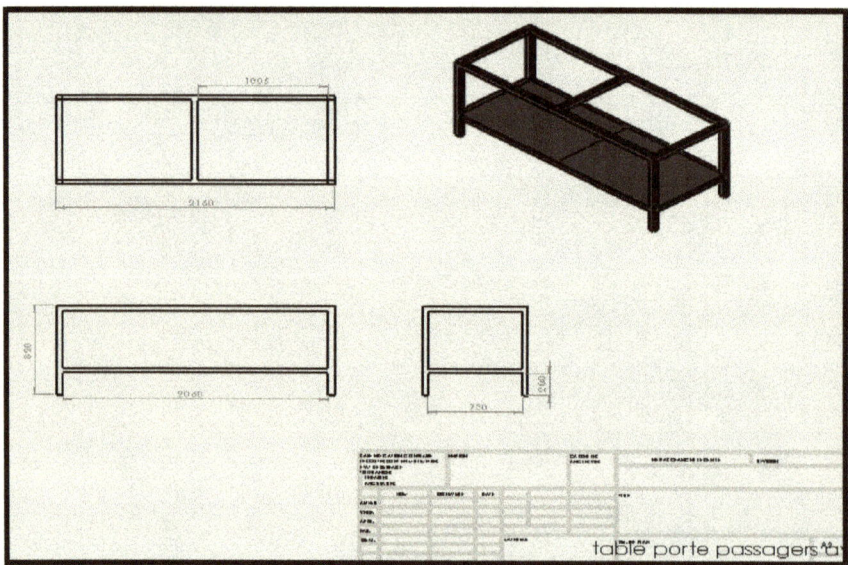

table porte passagers

ANNEXE IV-5

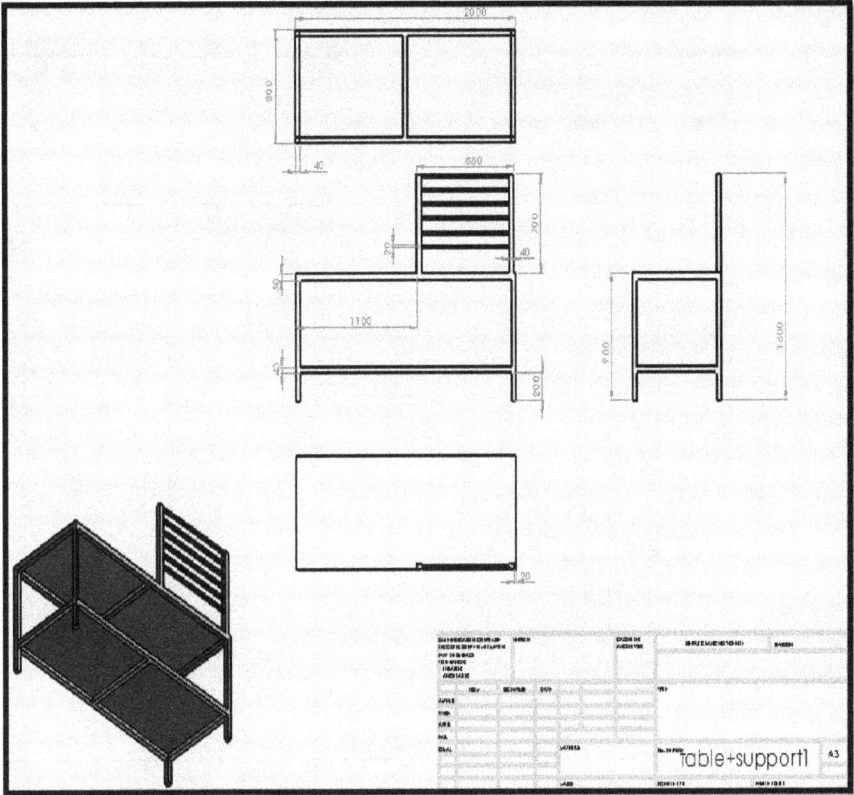

| ICAR 5S | Check Liste de nettoyage mensuel du poste .... | | | | | | | | | | | | | | | | | | | | | | | | | | | FASQ 81 00 | | |
| Mois: ...... / ...... | | | | | | | | | | | | | | | | | | | | | | | | | | | | | | | |

Tache \ Date	1	2	3	4	5	6	7	8	9	10	11	12	13	14	15	16	17	18	19	20	21	22	23	24	25	26	27	28	29	30	31
Rangement de la matière du poste																															
Rangement et nettoyage sol																															
Rangement et nettoyage table de travail																															
Rangement et préservation de l'outillage																															
Rangement des outils de nettoyage																															
Matricule																															
Signature																															

Audit 5S d'un poste de travail

Catégorie	Points à contrôler	barème	Points	Commentaires
Rangement & organisation	La table de travail est-elle organisée ?	4		
	Les étagères qui existent dans la poste sont-elles rangées et organisées	6		
	L'espace sous la table de travail est-il organisé ?	2		
	Les zones de stockage sont-ils organisées ?	2		
	L'outillage non utilisé quotidiennement est-il rangé ?	3		
	Est-ce que il existe un outil ou de la matière qui n'est pas à sa place ?	3		
Propreté	Propreté de la table de travail	4		
	Propreté du sol	4		
	Propreté sous la table de travail	1		
	Propreté de l'espace sous la table de travail	1		
	Les outils de travail sont-ils propres	5		
Application rigoureuse des règles du 5S	L'outillage utilisé quotidiennement est-il facilement accessible ?	6		
	Les produits utilisés quotidiennement sont-ils facilement accessibles ?	6		
	Les étagères qui existent dans le poste sont-ils clairement identifiées ?	5		
	Y a-t-il d'outillage ou de la matière qu'on n'a pas besoin dans le poste ?	4		
	Les zones de stockages du poste sont-ils clairement identifiés ?	3		
	Le check liste de nettoyage est-il bien mentionné ?	6		
	Les taches qui existent dans le check liste de nettoyage sont-ils réalisées quotidiennement ?	5		
Initiative des opérateurs	Y a-t-il une bonne amélioration réalisé par un opérateur du poste de travail ?	15		
	Y a-t-il une bonne proposition d'amélioration par un opérateur du poste de travail ?	5		
Autocontrôle	Autocontrôle Qualité	10		
	Autocontrôle nettoyage	10		
Divers	L'outillage, la matière, les outils de protection et les outils de nettoyage sont-ils disponibles dans le poste ?	4		
	L'outillage, la matière, les outils de protection et les outils de nettoyage sont-ils en bonne état ?	6		
TOTAL		**100 Pts**		

Date : __ / __ / __   Poste : _____ Audité par : _____   Visa

ANNEXE V-1

❖ **Gabarit 1** : assemblage des 5 armatures (1G, 1D, 2G, 4D, 6G) de l'autocar VW.

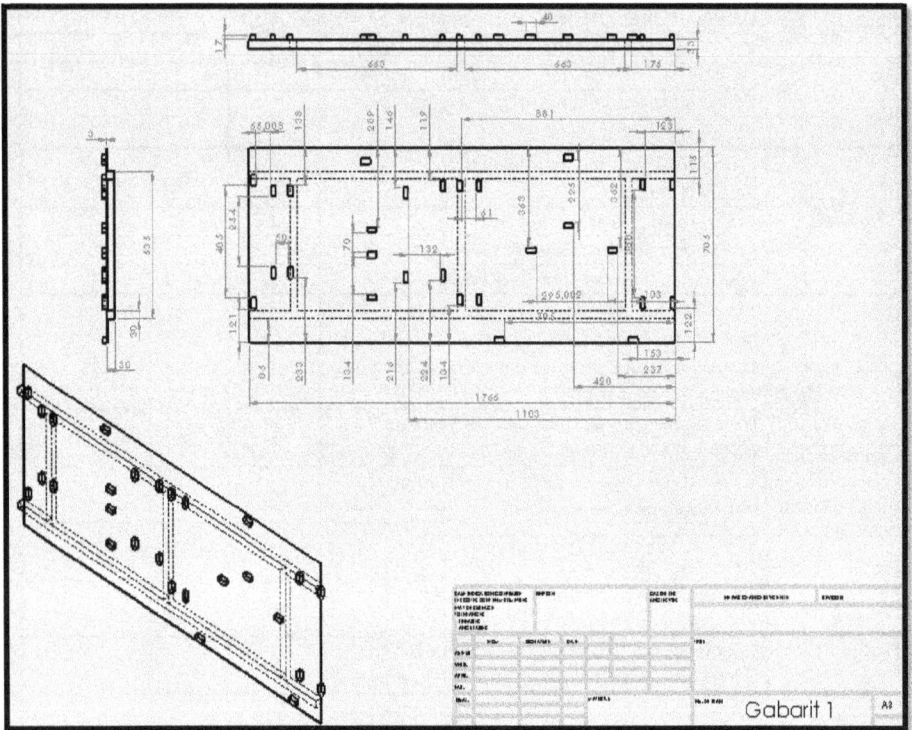

Gabarit 1

❖ **Gabarit 2** : assemblage des 4 armatures (3G, 3D, 4G, 5G) de l'autocar VW.

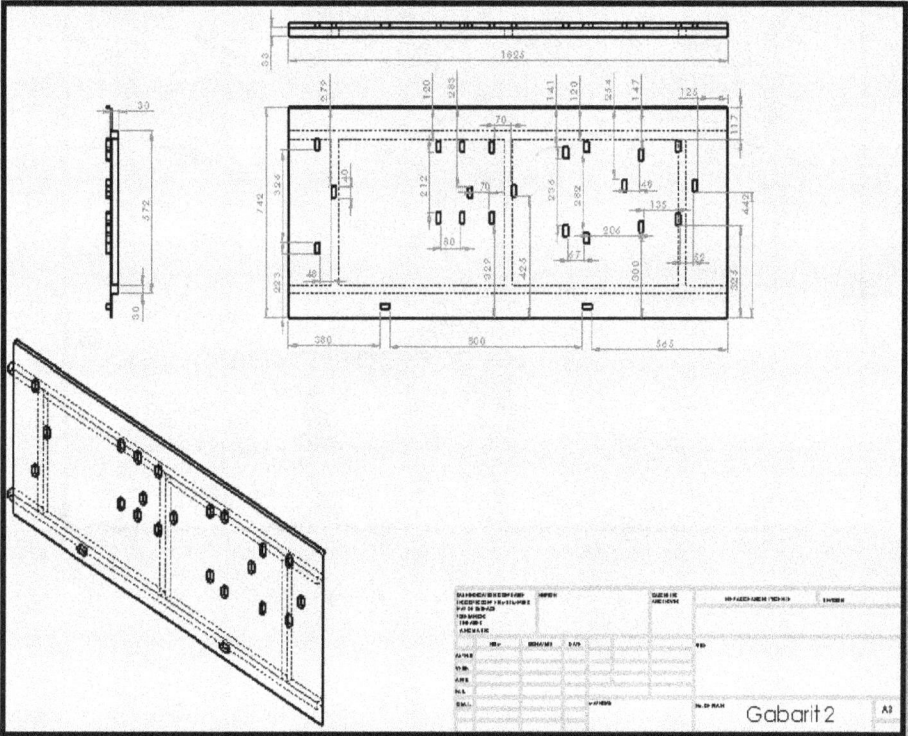

Gabarit 2

ANNEXE V-2

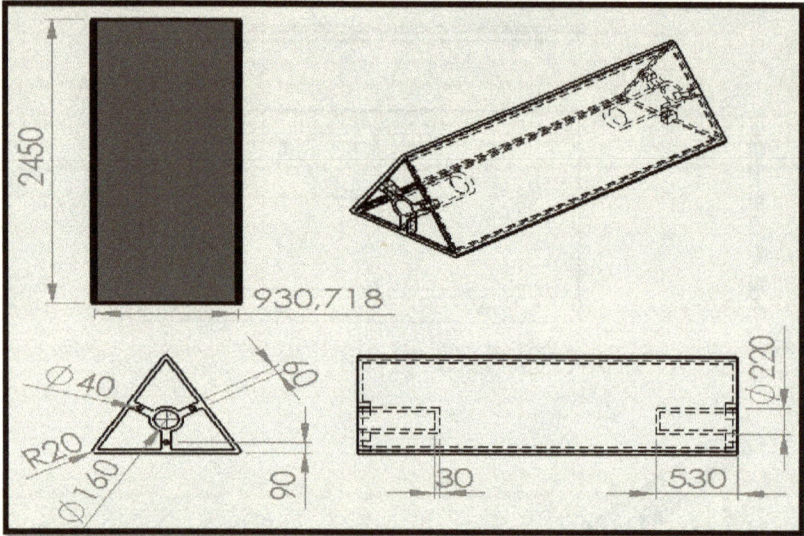

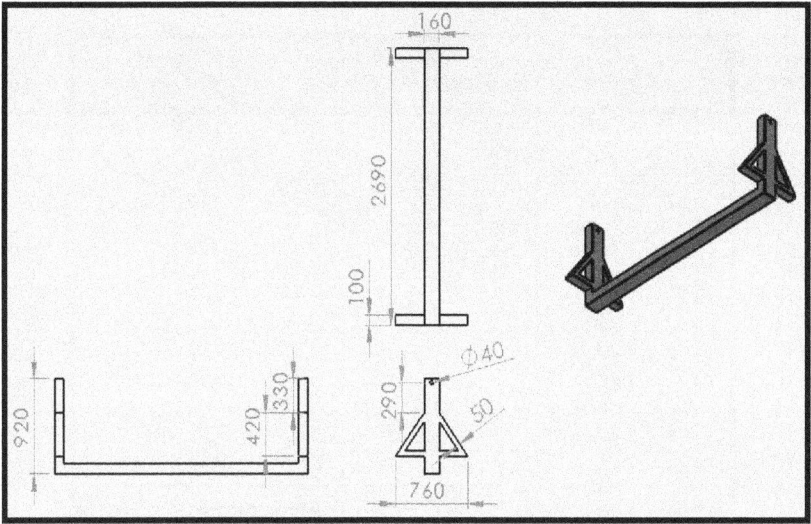

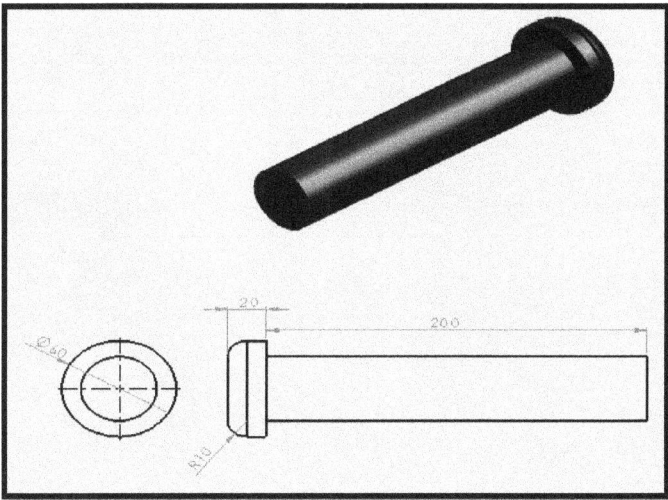

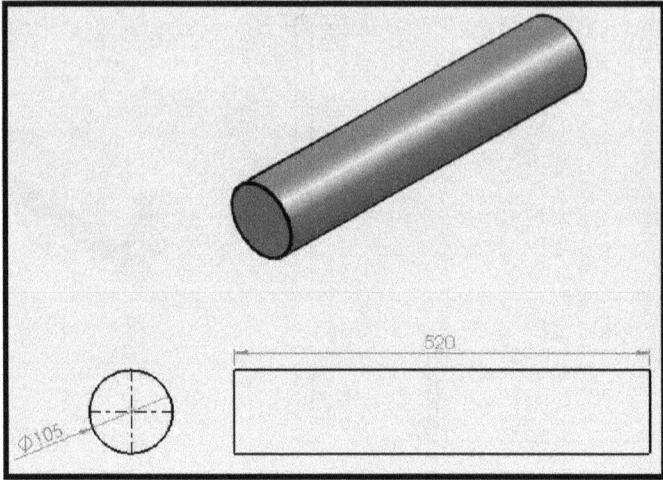

520

Ø105

ANNEXE V-3

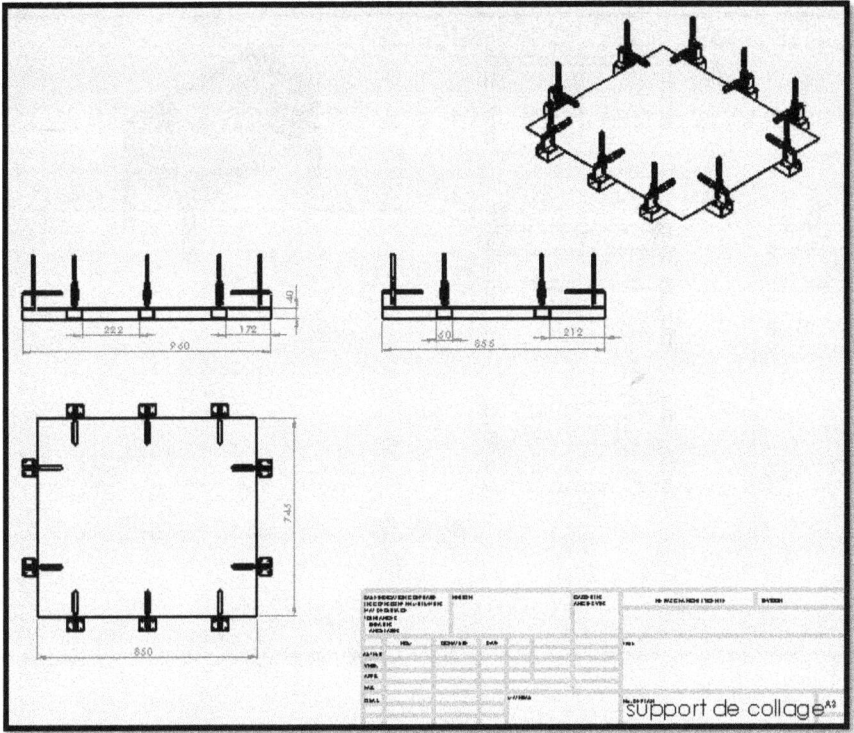

ANNEXE V-4

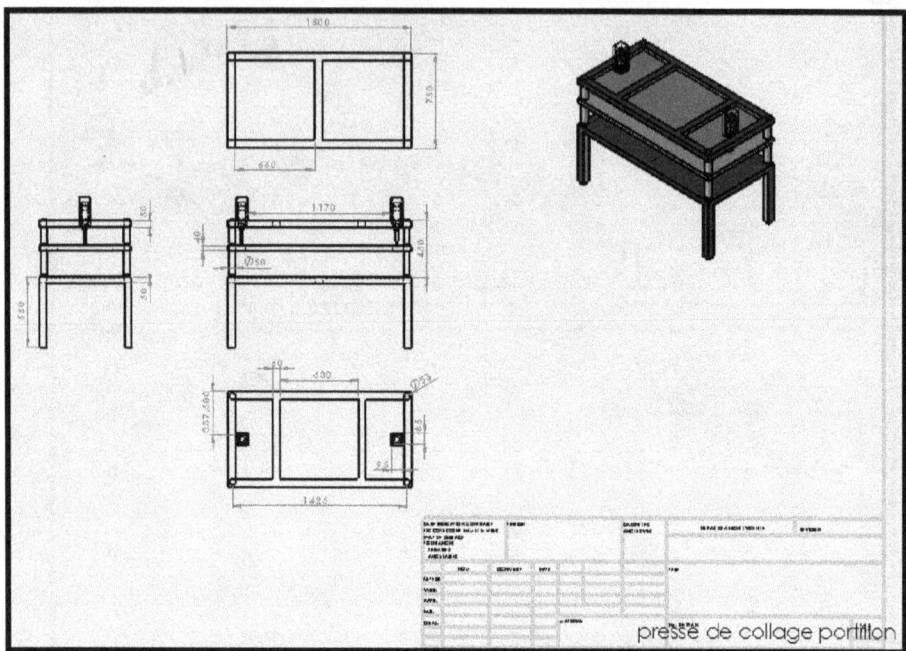

presse de collage partition

www.ingramcontent.com/pod-product-compliance
Lightning Source LLC
Chambersburg PA
CBHW020313220326
41598CB00017BA/1548